CB060277

CULTURA ORGÂNICA

Fernanda Hamann de Oliveira

CULTURA ORGÂNICA

FOTOS DE **Bruno Veiga**

FÁBRICA CARIOCA DE CATALISADORES

LEI DE INCENTIVO À CULTURA
MINISTÉRIO DA CULTURA

DESIDERATA

© 2010 Editora Nova Fronteira Participações S.A.

EDITORA
Gabriela Javier

PRODUÇÃO EDITORIAL
Danielle Freddo
Ana Carla Sousa

PROJETO GRÁFICO E DIAGRAMAÇÃO
Estúdio Insólito

IMAGENS
p. 35: © Bettmann/CORBIS/Corbis (DC)/Latinstock
p. 37: Album / akg-images/Akg-Images/Latinstock
p. 41: © Bettmann/CORBIS/Corbis (DC)/Latinstock
p. 44: Album / akg-images/Akg-Images/Latinstock

REVISÃO
Gabriel Machado

ASSESSORIA DE MARKETING
M4 Marketing Cultural, Social, Ambiental e Esportivo

Texto estabelecido segundo o Acordo Ortográfico da Língua Portuguesa de 1990, em vigor no Brasil desde 2009.

CIP-Brasil. Catalogação na fonte
Sindicato Nacional dos Editores de Livros, RJ

045c

Oliveira, Fernanda Hamann de

Cultura orgânica / Fernanda Hamann de Oliveira ; fotografias de Bruno Veiga. – Rio de Janeiro : Desiderata, 2010.

il. color., retrs.

ISBN 978-85-794-8008-9

1. Agricultura orgânica - Itaguaí (RJ). 2. Agricultura - Cultivo - Itaguaí (RJ). 3. Agricultura - Itaguaí (RJ) - História. I. Título.

CDD: 631.584
CDU: 631.147

Esta é uma publicação da Desiderata, um selo da Editora Nova Fronteira Participações S.A.

Todos os direitos reservados e protegidos pela Lei 9.610, de 19.02.1998.

Rua Nova Jerusalém, 345 – CEP 21042-235
Bonsucesso – Rio de Janeiro (RJ)
tel. (21) 3882-8200 | fax.(21) 3882-8212/8313
www.ediouro.com.br

FÁBRICA CARIOCA DE CATALISADORES

O caminho da sustentabilidade

Em 2010, a **Fábrica Carioca de Catalisadores S.A.** deu mais um passo em seu compromisso com o desenvolvimento sustentável. Dessa vez, com recursos advindos da Lei Rouanet, patrocinamos a obra **Cultura Orgânica**, uma publicação diretamente alinhada ao nosso principal projeto socioambiental: o **Horto Florestal FCC S.A.**

Aceitamos o desafio de promover uma discussão profunda e abrangente, tendo em vista o trabalho desenvolvido há mais de dez anos no nosso Horto Florestal. Este espaço é corresponsável pela educação ambiental de milhares de alunos da rede pública local e personagem atuante no processo de geração de renda e desenvolvimento das comunidades agrícolas do entorno por meio da multiplicação e apoio a técnicas de plantio livre de agrotóxicos.

Elaborado e coordenado, passo a passo, em parceria com profissionais da FCC S.A., o livro **Cultura Orgânica** é um marco importante na disseminação da agricultura sem poluentes. Nos últimos anos, este modelo de cultivo evoluiu, ganhou visibilidade e representatividade e, hoje, conta com novos adeptos em todos os cantos do país, inúmeras linhas de pesquisa, interesse crescente da mídia e dos bancos escolares, além de um comércio em escala global, representado por multinacionais de enorme penetração no mercado e praticantes do **consumo consciente**.

Para acalorar o debate sobre a cultura orgânica entre públicos tão diversificados, nada melhor do que uma obra com diferentes enfoques e abordagens, passeando – de forma inteligente e instigante – por quase todos os aspectos deste vasto tema, sem, contudo, esgotá-lo. Economia, qualidade de vida, saúde, meio ambiente, redes sociais, sustentabilidade, história e memória povoam as páginas desta obra, que disponibiliza ao leitor de todas as idades múltiplas visões da agricultura ecoeficiente, levando-o a refletir sobre o futuro do mercado de alimentos no mundo e o compromisso de cada um com a sustentabilidade da vida no planeta. Em resumo, uma leitura convidativa e fundamental para quem quer fazer, aprender, saber mais, opinar ou pesquisar sobre o mercado de produtos orgânicos no país.

A FCC S.A. é uma empresa de tecnologia de ponta, sediada em Santa Cruz, Rio de Janeiro, e formada pela associação das empresas Petrobras S.A. e Albemarle Corporation. Única fabricante de catalisadores catalíticos e aditivos para refino de petróleo no mercado sul-americano, tem como clientes consumidores as refinarias do Sistema Petrobras, bem como refinarias de petróleo de países da América do Sul e América Central.

Edson Kleiber de Castilho | Diretor Superintendente da FCC S.A.

Para saber mais sobre o Projeto Horto Florestal FCC S.A., acesse o site WWW.FCCSA.COM.BR ou envie e-mail para MEIOAMBIENTE@FCCSA.COM.BR.

SUMÁRIO

13 Introdução

14 1. Por que os orgânicos são a melhor opção
16 **O maior consumidor de agrotóxicos do mundo**
16 **Os danos produzidos pelo uso de agrotóxicos**
    Danos aos seres humanos
    Danos ao meio ambiente
19 **O diferencial do manejo orgânico**
    Agricultura orgânica e agroecologia
    O agricultor familiar no papel de agente agroecológico
23 **Técnicas de cultivo**
    O solo como um organismo vivo
    Adubação orgânica
    Manejo de plantas repelentes, atrativas e companheiras
    Controle biológico de pragas e doenças

32 2. Resgatando o passado para construir o futuro
34 **A evolução milenar da agricultura livre de insumos artificiais**
38 **A Revolução Verde e o nascimento da agroquímica moderna**
    Impactos ambientais e sociais
43 **Um breve histórico da agricultura no Brasil**
    A modernização conservadora
48 **A emergência de um novo paradigma**
54 **A agricultura orgânica no Brasil contemporâneo**

56   3. A ascensão da agricultura orgânica no Rio de Janeiro
58   **Na contramão da Revolução Verde**
      Mobilização de consumidores e produtores
      O apoio da Academia e do Poder Público
      Situação atual
67   **Um olhar especial sobre a bacia hidrográfica do rio Guandu**
      Herança histórica
      Um potencial esperando para ser desenvolvido

78   4. Redes sociais e experiências sustentáveis
80   **Uma rede invisível**
80   **Produção**
88   **Certificação**
90   **Comercialização**
      Feiras
      Compras coletivas
98   **Pesquisa e ensino**
103   **Apoio**

106   5. Desafios para o futuro
108   **Uma responsabilidade de todos**
      Assistência ao produtor
      Processamento e beneficiamento da produção
      Deselitização do consumo
      Mudança de mentalidade

116   Para saber mais

118   Agradecimentos muito especiais

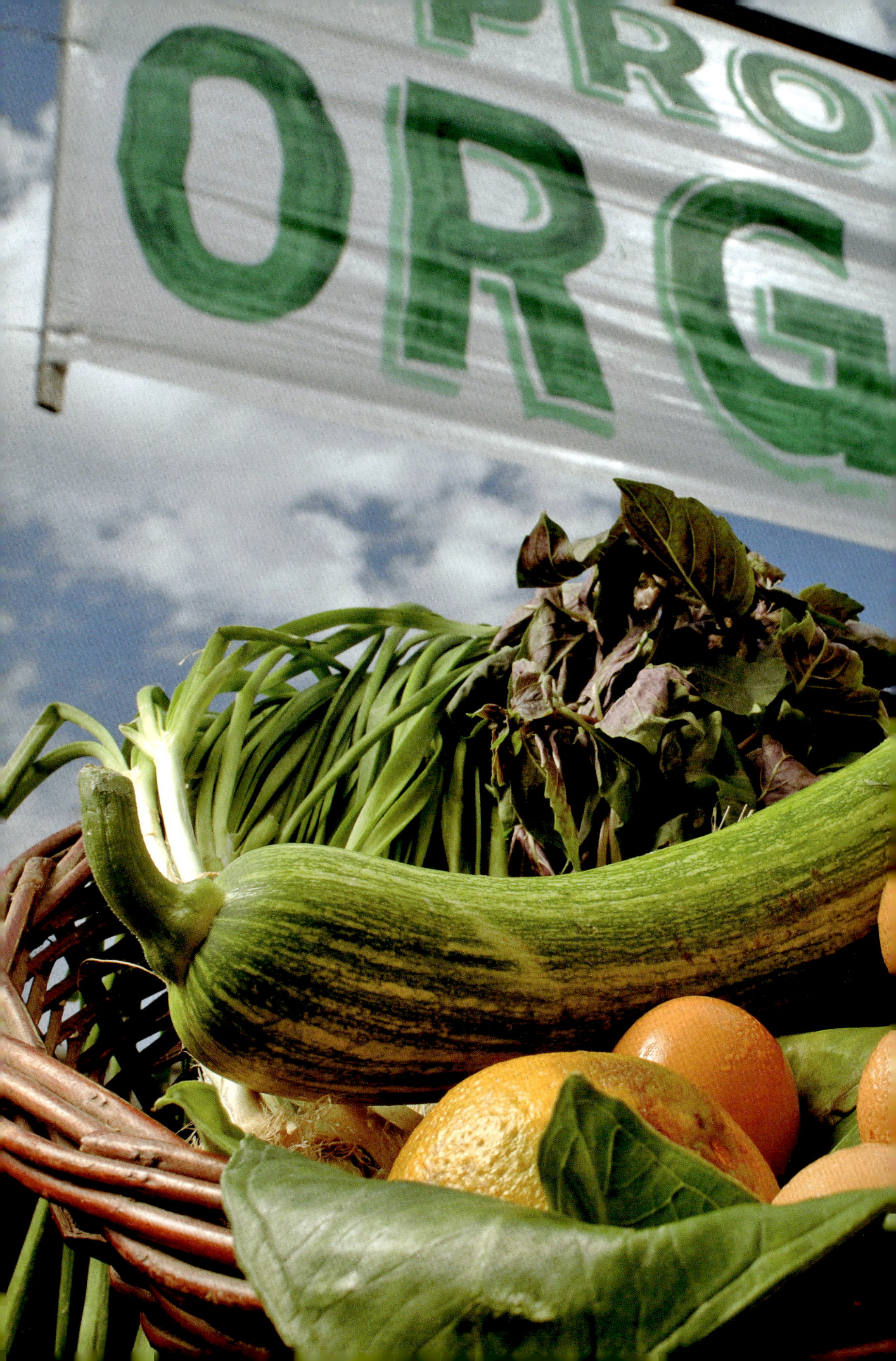
ORG

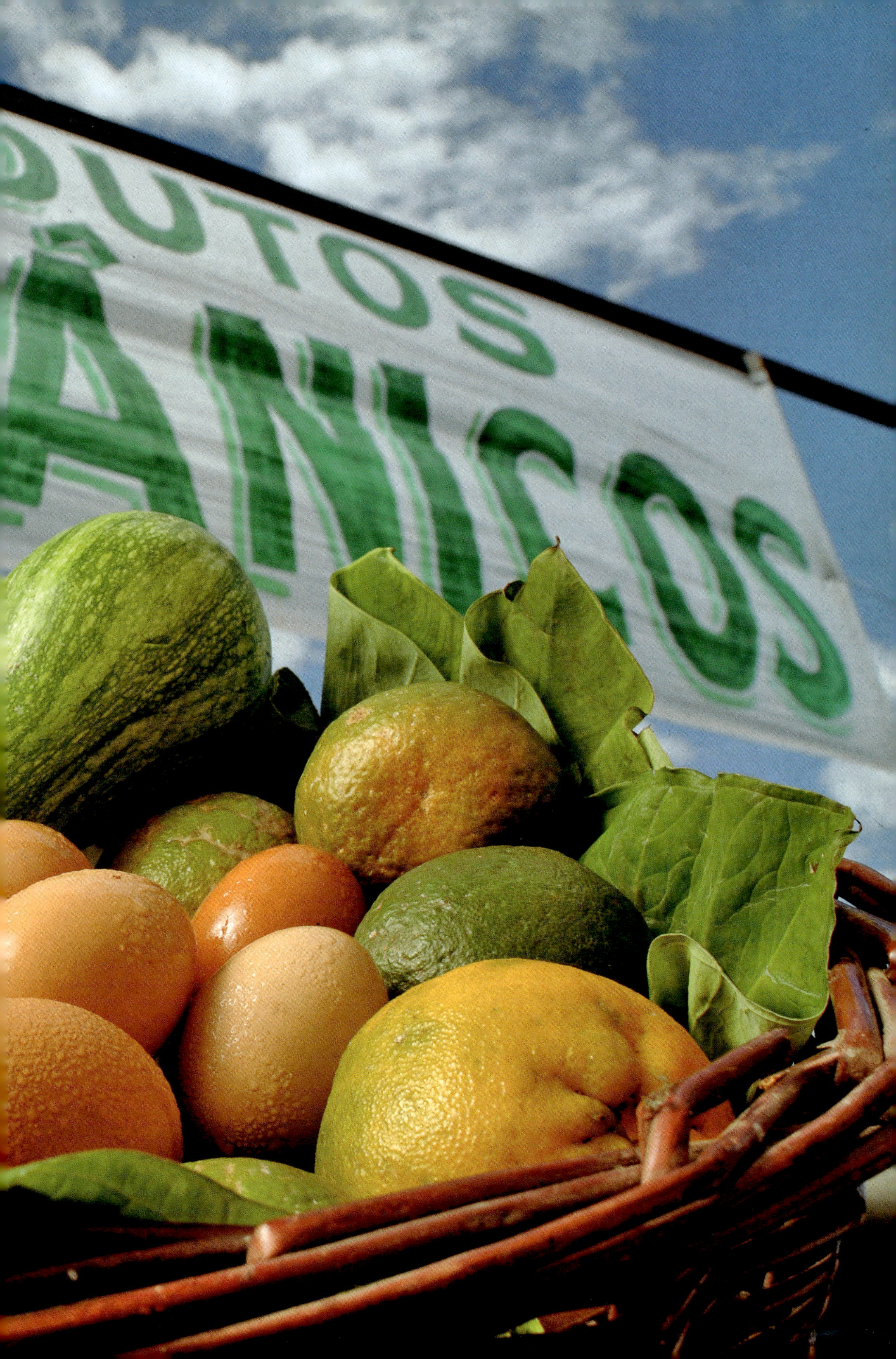
UTOS
ÂNICOS

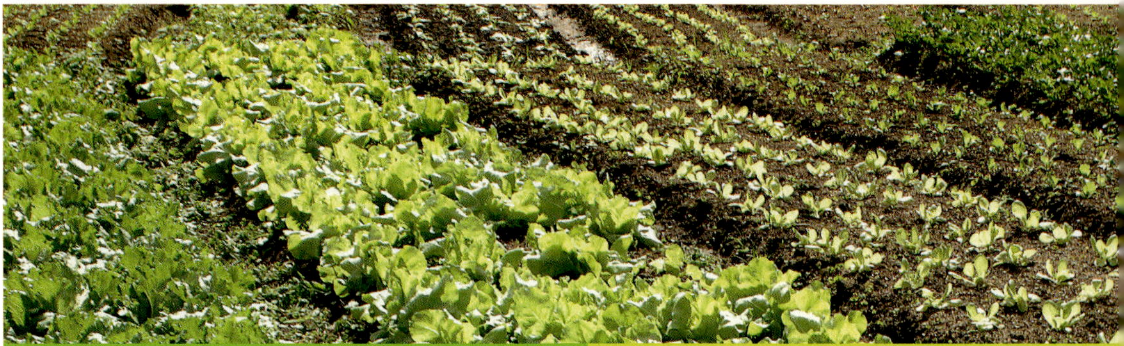

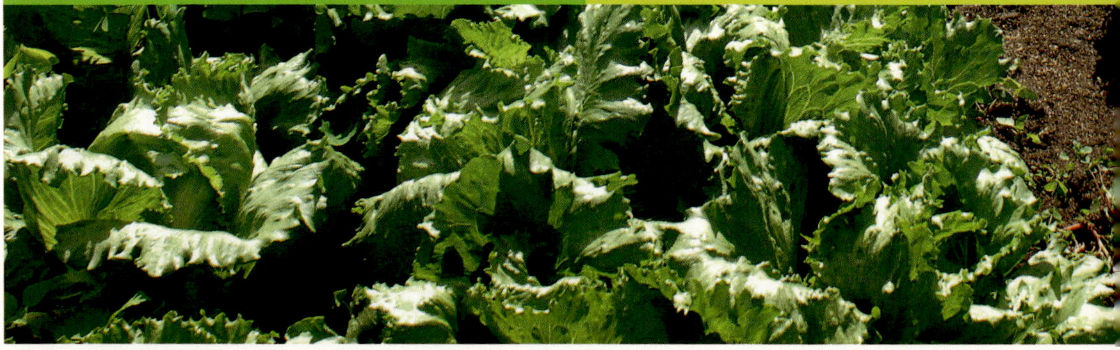

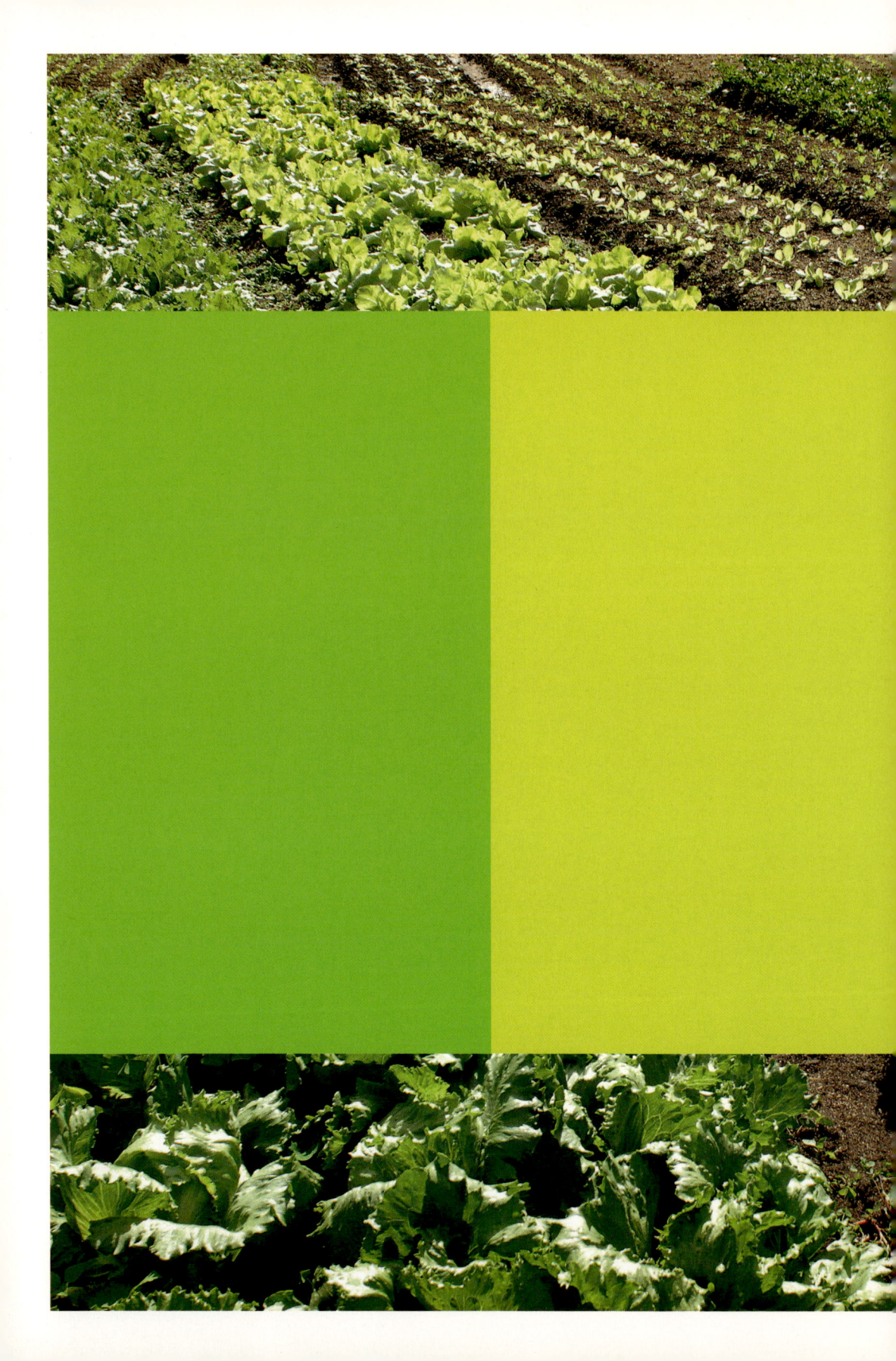

Todos têm direito ao meio ambiente ecologicamente equilibrado, bem de uso comum do povo e essencial à sadia qualidade de vida, impondo-se ao Poder Público e à coletividade o dever de defendê-lo e preservá-lo para as presentes e futuras gerações.

CONSTITUIÇÃO DA REPÚBLICA FEDERATIVA DO BRASIL, ART. 225

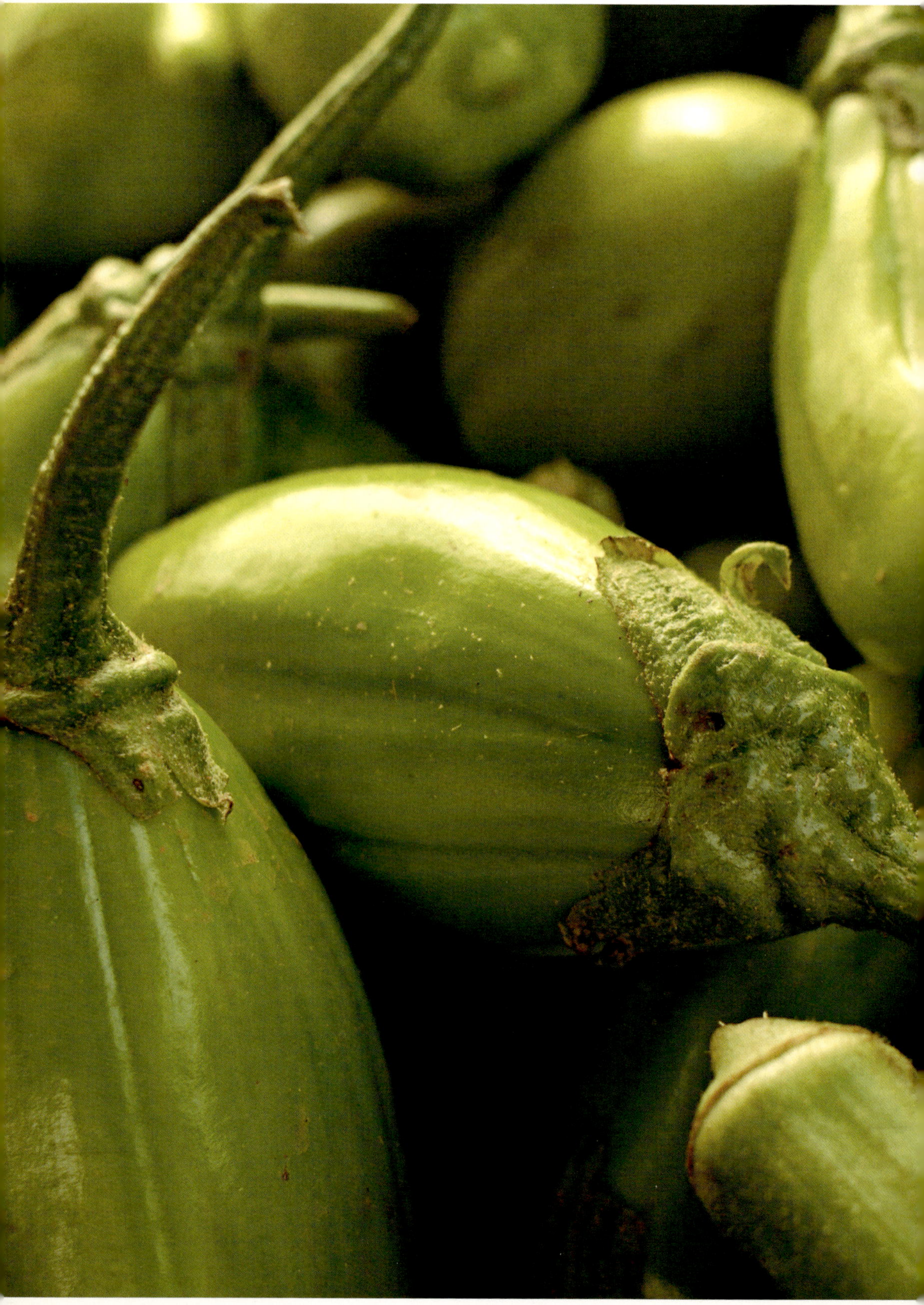

INTRODUÇÃO

Na mídia, nas feiras, nos restaurantes, a cultura orgânica se faz cada vez mais presente em nosso cotidiano. Produtos mais saudáveis e sustentáveis vêm conquistando um número crescente de consumidores no Brasil e no mundo, preocupados com sua qualidade alimentar e responsabilidade ambiental. O aumento na demanda provoca um aumento na oferta: mais do que nunca, a agricultura orgânica tem se destacado como uma alternativa rentável para pequenos e médios agricultores.

Os orgânicos não são apenas alimentos livres de agrotóxicos: sua cadeia produtiva envolve uma série de benefícios sociais e ecológicos. O primeiro objetivo deste livro é, portanto, demonstrar de que maneira a agricultura orgânica pode gerar tantos benefícios.

Logo no *Capítulo 1*, o leitor é convidado a mergulhar no universo dessa modalidade agrícola e a conhecer suas principais características e técnicas de cultivo. E para esclarecer como esse universo surgiu e evoluiu, o *Capítulo 2* se dedica ao processo histórico que culminou na atual valorização dos alimentos orgânicos.

Partindo-se da ideia de que é preciso pensar globalmente e agir localmente, o *Capítulo 3* retoma o percurso da agricultura orgânica no estado do Rio de Janeiro, onde alguns municípios já contam com grupos sólidos de produtores, e outros estão se estruturando para também chegar lá. Tendo isso em vista, o segundo objetivo deste livro é dar visibilidade a iniciativas fluminenses que estão em franco desenvolvimento, mas ainda não realizaram todo o seu potencial. Algumas dessas iniciativas vêm ocorrendo em municípios que têm em comum o fato de serem banhados pelas águas do rio Guandu, tais como Seropédica, Paracambi e a própria capital fluminense. No *Capítulo 4*, apresentam-se práticas agroecológicas emergentes, desenvolvidas especialmente nessa região.

Para terminar, o *Capítulo 5* levanta alguns desafios para o futuro da agricultura orgânica, além de divulgar informações para que o leitor possa se aprofundar no assunto. Afinal, este livro foi escrito para funcionar como uma provocação, instigando novos produtores, consumidores, pesquisadores, técnicos ou parceiros a ingressar na grande rede social que se tece hoje em torno da agricultura orgânica.

1.
POR QUE OS ORGÂNICOS SÃO A MELHOR OPÇÃO

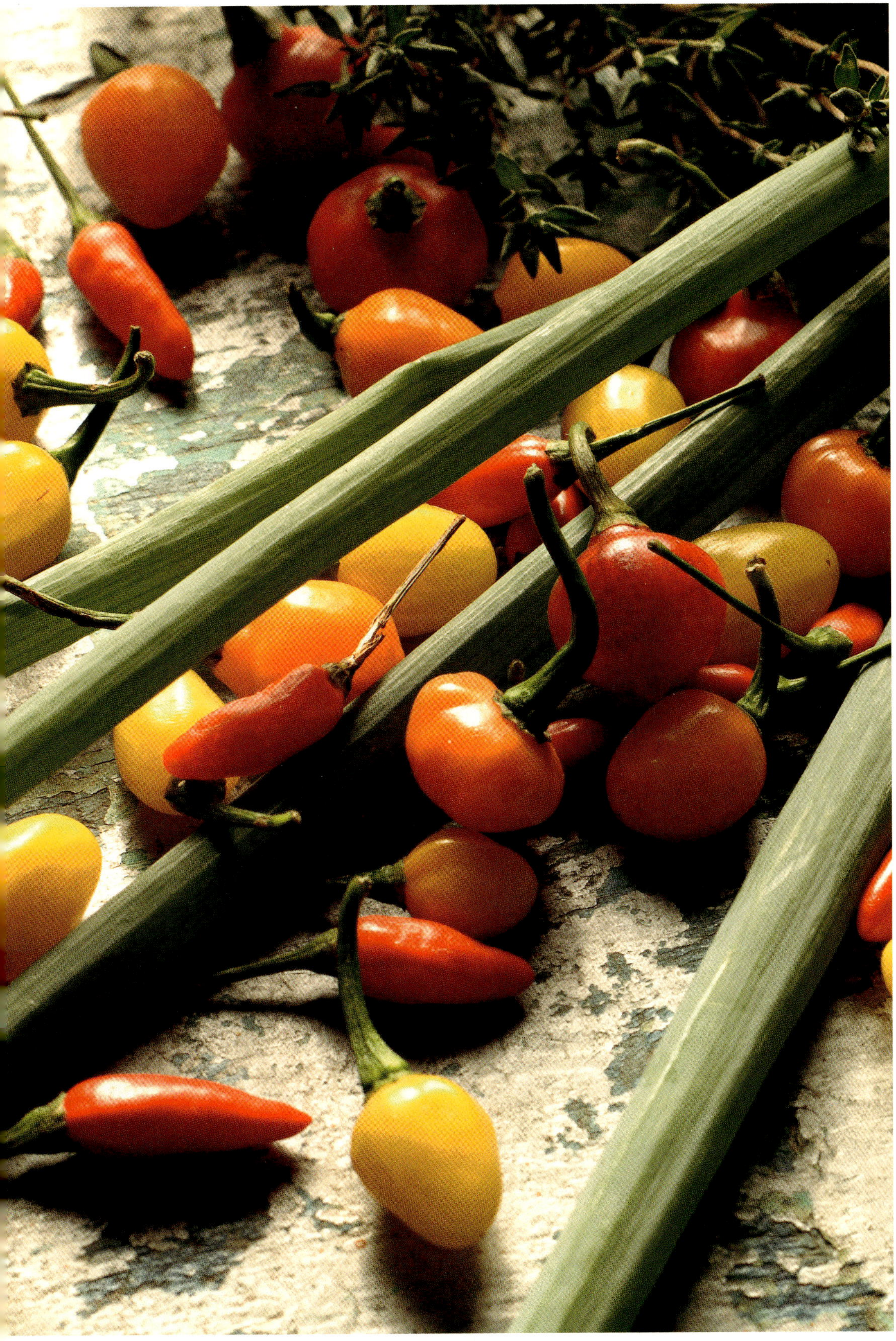

➽ O MAIOR CONSUMIDOR DE AGROTÓXICOS DO MUNDO

Em 2008, o Brasil assumiu o posto de maior consumidor de agrotóxicos do mundo. De acordo com a Agência Nacional de Vigilância Sanitária (Anvisa), o país se tornou também o principal destino de agroquímicos banidos de outros países. Nas lavouras nacionais, são utilizados pelo menos dez produtos atualmente proibidos na Europa e nos Estados Unidos. Enquanto isso, estudos realizados em várias partes do mundo progridem no sentido de reconhecer associações entre o contato humano com agrotóxicos e o surgimento de diversas enfermidades. Não por acaso, a preocupação com esse assunto tem aumentado rapidamente entre os brasileiros.

➽ OS DANOS PRODUZIDOS PELO USO DE AGROTÓXICOS

Também chamados de defensivos agrícolas, os agrotóxicos receberam a alcunha de *venenos* no sábio linguajar dos agricultores. Eles podem ter a formulação sólida (em pó), pastosa ou líquida. São aplicados às lavouras com o objetivo de aumentar sua produtividade a curto prazo, através do controle de pragas visíveis a olho nu – lagartas, gafanhotos, percevejos, pulgões, ácaros etc. – ou de doenças provocadas por microrganismos, cujos sintomas mais comuns são manchas e queimaduras nas plantas.

Os agrotóxicos podem ser nomeados de acordo com a praga ou doença que pretendem controlar. Veja alguns exemplos:

TIPO DE AGROTÓXICO	O QUE PRETENDE CONTROLAR
Inseticida	insetos
Acaricida	ácaros
Herbicida	plantas invasoras ou daninhas
Fungicida	doenças causadas por fungos
Bactericida	doenças causadas por bactérias

Embora apresentem uma performance rápida e eficaz à ocasião das primeiras aplicações, o uso continuado de praguicidas costuma produzir mutações genéticas que tornam as pragas mais resistentes. Logo, o agricultor se vê obrigado a aplicar doses maiores de veneno, o que gera desequilíbrios graves, afetando também a fertilidade do solo. O solo enfraquecido gera plantas mais frágeis e vulneráveis a doenças, o que, novamente, aumenta a necessidade de defensivos em doses cada vez mais tóxicas. Assim se mantém um círculo vicioso, agravando-se os perigos oferecidos ao meio ambiente e à saúde das pessoas que manipulam agrotóxicos ou ingerem alimentos contaminados por eles.

Danos aos seres humanos

Ao aplicar defensivos sobre uma lavoura, o agricultor corre um sério risco de intoxicação, que pode ser mais ou menos severo de acordo com o tipo de agrotóxico, o tempo de exposição a ele, as doses utilizadas e o uso do equipamento de proteção individual. A existência de patologias prévias (asma, alergias, doenças renais ou hepáticas, entre outras) também é um fator que pode agravar um quadro de intoxicação por agroquímicos.

Nos quadros de *intoxicação aguda*, os sintomas aparecem poucas horas após a exposição ao veneno, podendo envolver uma ampla gama de manifestações, incluindo tosses, vômitos, diarreias, convulsões, desmaio, coma e, eventualmente, a morte.

Já nos quadros de *intoxicação crônica*, o surgimento dos sintomas ocorre somente a longo prazo – não raro, como resultado de um progressivo acúmulo de pequenas quantidades de veneno no organismo. Nestes quadros, as consequências também podem ser fatais, pois alguns defensivos são capazes de causar enfermidades altamente letais.

Atualmente, é bastante difundido que a exposição continuada a determinados agrotóxicos, em especial os organoclorados, tende a promover o surgimento de tumores cancerígenos. De modo geral, sabe-se que o contato frequente com vários tipos de agroquímicos pode vir a afetar severamente os sistemas nervoso, respiratório ou reprodutivo, ou gerar danos significativos à pele, aos olhos, ao fígado e aos rins. Pesquisas recentes sugerem também uma correlação entre o manejo de inseticidas e o desenvolvimento de demências (males de Parkinson e Alzheimer) e de doenças autoimunes (lúpus e artrite reumatoide).

Em virtude dessas ameaças notáveis, todos os agrotóxicos são classificados segundo um rigoroso critério toxicológico, de acordo com a gravidade dos riscos oferecidos por eles. Esta classificação foi determinada pelo Decreto n. 98.816, de 11.01.1990. Nos rótulos dos produtos, deve constar a cor correspondente à sua classe:

Classe I (Vermelho)	Extremamente tóxico. Uso restrito a profissionais experientes e licenciados.
Classe II (Amarelo)	Altamente tóxico. Uso permitido também a trabalhadores supervisionados, dentro de condições controladas.
Classe III (Azul)	Medianamente tóxico. Uso controlado, permitido contanto que se observem as normas de segurança durante a aplicação.
Classe IV (Verde)	Pouco tóxico. Uso permitido ao público em geral.

Apesar das condições e restrições de uso discriminadas para cada classe, as determinações legais nem sempre são respeitadas. É comum que as análises de resíduos realizadas pela Anvisa evidenciem o uso de defensivos proibidos ou em doses acima dos limites máximos estabelecidos por lei. A julgar pelos dados referentes aos anos de 2008 e 2009, mais de 15% dos alimentos que circulam no Brasil têm resíduos de agrotóxicos em excesso.

Assim, deduz-se que um alimento pode facilmente chegar ao prato do brasileiro ainda contaminado por substâncias tóxicas ativas – parte das quais resiste inclusive a uma cuidadosa lavagem. Uma vez que a presença dessas substâncias não é perceptível pelo consumidor, pois o aspecto e o sabor do alimento pouco se alteram, ele corre o risco de ingerir produtos contaminados muito frequentemente, sem sequer se dar conta disso. Em doses homeopáticas, tal ingestão é capaz de produzir afecções variadas. Entre os quadros já observados em diferentes estudos, constam reações alérgicas, neurológicas e hepáticas, além do desenvolvimento de patologias crônicas como o câncer.

Danos ao meio ambiente

Assim como os seres humanos, outros seres vivos podem ser intoxicados pelos venenos utilizados na agricultura, a começar pelos microrganismos que garantem a fertilidade natural do solo.

Algumas pesquisas relacionam a mortandade de peixes e de aves, por exemplo, à intoxicação pelo pesticida DDT. Isso acontece porque, se contaminadas por certo tipo de agrotóxico, as plantas podem vir a transmiti-lo aos animais que se alimentam delas, que por sua vez o transmitirão a seus próprios predadores, de modo que o veneno passa a circular numa vasta cadeia alimentar.

Apesar de surpreendentes, nenhuma dessas consequências chega a ser tão trágica quanto a proliferação das pragas. Uma vez que enfraquece o solo e desequilibra a relação entre presas e predadores, assim como outras relações ecológicas complexas, os praguicidas têm como efeito a multiplicação do problema que inicialmente eles se propuseram a solucionar.

O DIFERENCIAL DO MANEJO ORGÂNICO

A esta altura, os leitores mais perspicazes já terão deduzido uma lista de benefícios da agricultura orgânica, que, por princípio, não utiliza qualquer tipo de agrotóxico, fertilizante sintético ou OGM. Mas a boa notícia é que as vantagens do manejo orgânico sobre o convencional vão muito além da simples escolha por não usar insumos artificiais.

Existe um cuidado especial com a fauna e a flora locais, com o solo, a água e o ar, com o reaproveitamento dos resíduos e a reciclagem dos nutrientes – em suma, o produtor orgânico atua como um verdadeiro ecologista, pois suas técnicas respeitam o tempo necessário à Terra para renovar seus recursos. Mesmo que não conheça a fundo toda a complexidade dos fenômenos ecológicos, ele contribui, com suas ações locais, para a preservação do equilíbrio ambiental global. E este processo se realiza de forma ainda mais efetiva quando o agricultor organiza sua produção segundo preceitos agroecológicos.

Agricultura orgânica e agroecologia

A agricultura orgânica abarca um grupo diversificado de correntes agrícolas (natural, biológica, biodinâmica etc.), que mantêm muitos pontos em comum,

TRANSGÊNICOS: SOLUÇÃO OU PROBLEMA?

Quando os adeptos da agricultura convencional constataram os problemas decorrentes do uso de defensivos agrícolas, sentiram necessidade de dispor de uma tecnologia substituta, igualmente capaz de incrementar a produtividade agrícola. A partir dos avanços da engenharia genética, sobretudo no final do século XX, a solução encontrada foi a manipulação genética de alimentos, a fim de criar espécies mais resistentes a pragas. Os organismos geneticamente modificados (OGM), ou transgênicos, resultam de um processo em que os genes de outro organismo são inseridos no seu código genético. A intenção é fazer com que certa característica desejável de uma espécie seja transferida à outra.

A inclusão desses alimentos no mercado provoca muita polêmica, gerando preocupações quanto a suas consequências ainda pouco conhecidas. Isso porque, até o momento, não existem pesquisas conclusivas comprovando que é seguro cultivar ou consumir transgênicos. Alguns estudos sugerem que eles oferecem riscos notáveis à saúde humana, tais como o incremento de alergias alimentares. Entre os danos ambientais, é provável que a inserção de um OGM num dado ecossistema provoque uma redução da biodiversidade local, pela eliminação de espécies nativas, e um possível surgimento de pragas super-resistentes. Mas outros estudos questionam estes resultados. A situação se complica porque as avaliações realizadas em países que acolhem os transgênicos, como os Estados Unidos, costumam ser financiadas pelas próprias empresas que desenvolvem os organismos – sendo, portanto, consideradas tendenciosas.

Respondendo a pressões populares e de entidades ambientalistas, muitos países europeus se opõem à transgenia alimentar. No Brasil, há normas que regulamentam a pesquisa, o cultivo e a comercialização de transgênicos, sob a responsabilidade de cinco órgãos principais: a Anvisa, o Ministério do Meio Ambiente, a Comissão Técnica Nacional de Biossegurança (CTNBio), o Instituto Brasileiro de Meio Ambiente (Ibama) e o Conselho Nacional de Meio Ambiente (Conama). Em todo o mundo, grupos de consumidores, ecologistas e cientistas reivindicam a ampliação das pesquisas sobre o assunto e a adoção de uma metodologia de avaliação mais rigorosa e confiável do que a atual.

O modelo agroecológico valoriza a associação entre a lavoura e a criação de animais.

mas também guardam suas especificidades. Entre essas correntes, merece destaque a *agroecologia* ou *agricultura ecológica*, por promover a prática de uma agricultura socialmente justa, economicamente viável e ecologicamente sustentável. Para que isso seja possível, a agroecologia se desenvolve a partir de uma perspectiva interdisciplinar, contando com conhecimentos de ecologia, agronomia, economia, engenharia florestal e ciências sociais.

Ancorada no resgate de antigos conhecimentos empíricos dos agricultores familiares, oriundos da observação da natureza e transmitidos de geração a geração, a agroecologia se aprimora pelo encontro desses saberes seculares com pesquisas científicas avançadas. O objetivo de tais pesquisas é permitir que os conhecimentos tradicionais sejam aplicados da melhor forma à realidade contemporânea, oferecendo soluções para as demandas atuais.

De acordo com os princípios agroecológicos, as lavouras são compreendidas como verdadeiros ecossistemas, onde também acontecem fenômenos ecológicos como a circulação de nutrientes, a fixação de carbono (contribuindo para a redução dos gases responsáveis pelo efeito estufa) e a competição entre as espécies. Por esse motivo, a convivência direta entre espécies vegetais e animais – uma das principais características das modalidades agrícolas tradicionais – é bastante valorizada pela agroecologia.

Uma estratégia agroecológica bastante difundida é a criação de *sistemas agroflorestais*, envolvendo o plantio de árvores (frutíferas, madeireiras etc.) que podem ser economicamente exploradas pelo produtor, ao mesmo tempo em que contribuem para a preservação ambiental. A *permacultura* ou *agricultura permanente* também costuma ser adotada em unidades de produção agroecológica. Ela procura harmonizar as lavouras, o cultivo de espécies florestais, a criação de animais e a própria presença humana. Seguindo como modelo a disposição das plantas tal como se encontram em matas e florestas, a proposta é integrar ao máximo a produção ao ambiente natural.

Os sistemas agroflorestais são especialmente bem-vindos em propriedades rurais onde existem Áreas de Preservação Permanente, que não podem ser desmatadas. É o caso das chamadas matas ciliares, à beira de rios, lagos ou lagoas. Para que estas áreas sejam aproveitadas, uma opção permitida por lei é o plantio de árvores nativas da região que não provoquem impactos no ecossistema e possam gerar renda para o agricultor.

O agricultor familiar no papel de agente agroecológico

O manejo orgânico pode ser adotado em unidades produtivas bastante diversificadas, desde modestos sítios destinados à agricultura familiar até grandes fazendas monocultoras.

No caso desse tipo de fazenda, entretanto, torna-se mais difícil se instaurar um estado de efetiva sustentabilidade agroecológica. Afinal, na natureza, a biodiversidade contribui para o equilíbrio local, e esse equilíbrio tende a ser quebrado pela prevalência maciça de uma só cultura, desorganizando as relações entre os fatores ambientais.

Num sistema agroecológico estabilizado, ao contrário, a relação entre predadores e presas se mantém equilibrada, contribuindo para que pragas e doenças sejam naturalmente evitadas. Para o agricultor familiar, portanto, que nutre o costume da policultura em pequena escala, é possível e vantajoso adotar o manejo orgânico e agroecológico, sobretudo por ser viável em pequenas áreas e permitir uma produção diversificada. Não por acaso, 85%

CORREDOR AGROECOLÓGICO

Nas florestas que sofreram graves desmatamentos, como a Mata Atlântica, frequentemente um fragmento florestal fica distante de outro, dificultando o cruzamento entre as espécies que habitam os dois locais. Isso impede que se realizem trocas genéticas e acelera o processo de extinção de muitas espécies.

A melhor solução para esse problema é o plantio de um *corredor ecológico*, isto é, uma nova massa florestal ligando um fragmento ao outro e permitindo o cruzamento das espécies.

O *corredor agroecológico* é uma espécie de sistema agroflorestal onde as árvores plantadas, além de funcionarem como corredor ecológico, podem ser aproveitadas pelo agricultor. A bananeira, o mamoeiro, a pupunheira e algumas plantas ornamentais, como as helicônias, são exemplos aplicáveis à Mata Atlântica.

dos produtores de alimentos orgânicos no Brasil são agricultores familiares, segundo dados do Ministério do Desenvolvimento Agrário.

Assim, em virtude de seu potencial, e de seus benefícios ambientais, econômicos e sociais, daremos prioridade, neste livro, a práticas agroecológicas empreendidas no contexto da agricultura familiar.

TÉCNICAS DE CULTIVO

Numa propriedade sob manejo orgânico, o cultivo começa pela preparação das mudas na sementeira. O ideal é plantá-las em solo arenoso, livre de doenças e de outras sementes que possam competir com a cultura pretendida. É preciso regar as mudas diariamente e manter a sementeira coberta por uma tela, a fim de protegê-la da incidência direta do sol e das chuvas fortes. Quando as mudas começarem a apresentar suas folhas definitivas, é hora de transplantá-las para o canteiro.

Um passo importante é assegurar a adubação da terra que receberá as novas mudas, para garantir que elas terão os nutrientes necessários para o crescimento. A todo momento, o produtor precisa estar atento a fatores que oferecem riscos ao plantio. Um desses fatores é a presença de ervas invasoras que competem com a cultura almejada, na busca por água, nutrientes e insolação. Contudo, caso não exista competição, não se justifica a preocupação em controlar as ervas desse tipo, uma vez que elas também oferecem benefícios – como a atração de insetos nocivos que, em outras circunstâncias, seriam atraídos para a cultura principal.

Aliás, os insetos são um segundo fator de risco ao plantio, mas somente quando atuam como pragas, em grandes populações, formadas devido ao desequilíbrio dos ecossistemas. É fundamental ter em mente que seus ataques tendem a diminuir significativamente em ecossistemas onde prevalece um equilíbrio ambiental satisfatório.

UM CURIOSO ANIMALZINHO E SUA LOUVÁVEL CONTRIBUIÇÃO AGROECOLÓGICA

O equilíbrio ambiental de um ecossistema depende de um grande número de relações entre os mais diferentes seres que o compõem. Um dos efeitos possíveis de um estado de desequilíbrio ambiental é a extinção de uma ou outra espécie animal ou vegetal. Numa propriedade agrícola, assim como em qualquer ecossistema, este acontecimento pode produzir uma indesejável reação em cadeia.

Um inseto discreto, que habita um bom número de propriedades rurais brasileiras mas nem sempre se faz notar, é o besouro vulgarmente conhecido como rola-bosta, da família *Scarabaeidae*. Na época da reprodução, a fêmea tem o hábito de transportar, até o local da postura de seus ovos, bolotas de excrementos de animais maiores, para garantir a alimentação de suas larvas coprófagas – que se alimentam de fezes.

Acontece que, ao realizar este transporte de excrementos, o rola-bosta favorece o processo de fermentação dos mesmos. Caso contrário, as fezes sofreriam um processo de putrefação, atraindo moscas-varejeiras que transmitem aos animais uma série de doenças, como o berne. Assim, por meio de sua atividade tão peculiar, o singelo rola-bosta também dá sua contribuição para a manutenção do equilíbrio agroecológico.

O solo como um organismo vivo

Um princípio fundamental da agricultura orgânica é a compreensão de que o solo é um organismo vivo, naturalmente dotado de fertilidade e em constante interação com sua cobertura vegetal.

Os solos são compostos de água, minerais, gases e também de matéria orgânica. Alguns microrganismos são capazes de alterar sua qualidade e sua propensão à prática agrícola. Certos fungos e bactérias efetuam uma transformação química dos nutrientes disponíveis, de modo que esses possam ser absorvidos pelas raízes das plantas, que tendem a crescer mais fortes e mais protegidas contra pragas e doenças. Outros organismos, como as minhocas e larvas, cavam minúsculos canais que permitem uma melhor circulação do ar, da água e das raízes.

O cuidado com o solo é uma das características mais notáveis da agricultura orgânica. A agricultura convencional, ao contrário, lança mão de insumos que ameaçam a vida dos organismos que atuam sobre o solo, condenando-o a um progressivo esgotamento.

Adubação orgânica

Uma planta precisa de vários nutrientes para se desenvolver com saúde. Devido à sua relevância, os três macronutrientes primários (nitrogênio, fósforo e potássio, o trio NPK) são combinados em diferentes porcentagens na composiçã de fertilizantes sintéticos. Mas os adubos biodegradáveis, elaborados a partir de matéria orgânica, também apresentam proporções variáveis desses minerais fundamentais, de modo que sua utilização garante igualmente a oferta dos nutrientes necessários à planta.

Os adubos orgânicos podem ser de dois tipos: o *adubo de plantio*, aplicado antes do transplante das mudas, e o *adubo de cobertura*, aplicado após o transplante, para fortalecer a planta e auxiliá-la em seu pleno desenvolvimento.

Uma modalidade de adubo de plantio é a chamada *adubação verde*. Esta técnica consiste no plantio de determinadas espécies – como certas leguminosas perenes (duradouras) – capazes de fixar nutrientes atmosféricos no solo, fertilizando-o *antes* da instalação da cultura pretendida. Mas as mesmas espécies também podem ser plantadas *em associação* com a cultura pretendida, sendo cultivadas, por exemplo, entre linhas de árvores frutíferas, e funcionando como *cobertura viva*. Algumas dessas espécies apresentam ainda a vantagem de servir para a alimentação humana.

A agroecologia entende as plantações como parte de um ecossistema, em conjunto com todas as demais formas de vida locais.

A palha e o capim – inclusive alguns tipos de capim que são frequentemente considerados um mato inútil pelo produtor convencional – podem assumir a função de *cobertura morta*. Depositada sobre o solo, esta cobertura é capaz de preservar sua umidade, protegê-lo contra a erosão e a invasão de ervas daninhas, além de evitar a elevação acentuada da temperatura do solo pela insolação direta. Essa técnica obedece a um princípio básico da agricultura orgânica: a busca por uma constante reciclagem de nutrientes.

Outro fertilizante natural muitíssimo utilizado é o *húmus*, substância derivada da matéria orgânica que se deposita no solo, formada por plantas e animais mortos, ou por seus subprodutos. Alguns fungos e bactérias trabalham para decompor esses resíduos, através de um processo que resulta na humificação, ou seja, na criação de uma certa quantia de matéria orgânica decomposta ou em decomposição. Acumulado na superfície do solo, o húmus lhe confere uma textura fofa, perfeitamente adequada para armazenar nutrientes – alguns dos quais são liberados ao longo do processo. Além da fabricação espontânea do húmus, há também aquela induzida pelo homem. Na agricultura orgânica, um dos métodos mais frequentes de obtenção do húmus é a *compostagem*.

Pelo processo de vermicompostagem, as minhocas transformam a matéria orgânica num fertilizante extremamente eficaz.

COMPOSTAGEM

As atividades agrícolas e pecuárias produzem grandes quantidades de resíduos vegetais e animais. Tais resíduos podem ser manejados de modo a suprir uma parte considerável da demanda de insumos para a produção, sem causar danos ambientais.

Este objetivo é atingido através do processo de compostagem, que transforma esterco ou restos vegetais em composto orgânico – um material extremamente rico em húmus.

Para se realizar a compostagem, são sobrepostas camadas sucessivas de diferentes tipos de matéria orgânica em condições de temperatura e umidade ideais para o desenvolvimento de microrganismos decompositores. Esses microrganismos se alimentam da matéria, decompondo-a e convertendo-a num poderoso fertilizante.

Uma variação da compostagem, a vermicompostagem é empreendida através do uso da minhoca na decomposição dos resíduos.

Manejo de plantas repelentes, atrativas e companheiras

O conhecimento do agricultor em relação às propriedades de cada planta é bastante valioso dentro de um sistema agroecológico.

O coentro, por exemplo, é conhecido por repelir ácaros e pulgões. Já o manjericão consegue afastar mosquitos e moscas. A hortelã também favorece o controle de insetos. São, portanto, três espécies que desempenham funções muito bem-vindas no controle biológico dos plantios e que podem ser aproveitadas também como temperos.

O girassol, por sua vez, costuma atrair para si alguns insetos nocivos à horta. Uma vez concentrados, eles se tornam uma presa mais fácil para os predadores. Assim como os temperos, o girassol também pode ser explorado pelo agricultor, seja como planta ornamental, seja por suas nutritivas sementes.

Ao mesmo tempo, é interessante saber quais plantas são companheiras entre si, a fim de se planejar consórcios ou associações entre culturas que mantêm uma boa interação. Muitos agricultores tradicionais aprenderam com seus pais que feijão e milho formam um bom consórcio. Tal associação pode ser ainda mais vantajosa se for utilizada alguma espécie de feijão de alto potencial para a adubação verde – como o feijão-de-porco –, o que contribuiria ainda para melhorar a qualidade do solo.

Controle biológico de pragas e doenças

A manutenção de um sistema agroecológico tende a prevenir a ocorrência de pragas e doenças, o que ocorre graças a fatores como a escolha por produzir *culturas diversificadas*, a adoção de técnicas de *adubação orgânica* e a conservação de *fragmentos florestais originais* no entorno da lavoura. Medidas como essas concorrem para a manutenção de um *manejo integrado de pragas*, visando não a eliminação dos agentes considerados indesejáveis, mas um manejo que os mantenha abaixo de um nível prejudicial às lavouras.

Uma estratégia favorável a esse manejo é a *rotação de culturas*, que apresenta a vantagem adicional de promover um melhor aproveitamento dos nutrientes disponíveis. No caso desta estratégia, recomenda-se a alternância entre alimentos de famílias diferentes. Depois de se plantar um fruto, por exemplo, planta-se uma folha, em seguida uma raiz, e assim por diante.

Finalmente, convém utilizar *máquinas agrícolas adaptadas ao solo tropical*, ao invés de máquinas pesadas que tendem a compactá-lo e sufocá-lo, importadas de países de diferentes regimes climáticos.

Ainda que se adotem todas essas estratégias, é preciso lembrar que as populações de insetos ou de outros organismos potencialmente indesejáveis à agricultura fazem parte das relações ecológicas. Quando essas populações se excedem a ponto de ameaçar as lavouras, é possível recorrer a ações que favoreçam um *controle biológico natural*. Dois exemplos de ações bastante utilizadas nesse sentido são a *drenagem de águas paradas* e a introdução, nas áreas de cultivo, de *predadores naturais das pragas*.

À medida que as pesquisas avançam na área da agroecologia, novos métodos se somam ao repertório empírico dos agricultores tradicionais. Se levarmos em conta que a agricultura existe há mais de dez milênios, e a maioria dos agroquímicos foi criada há menos de um século, poderemos questionar mais facilmente a necessidade desses insumos para a produção agrícola. O próximo capítulo deste livro, portanto, será dedicado a essa perspectiva histórica, que nos ajudará a refletir sobre o papel da agricultura de caráter orgânico no passado, no presente e no futuro.

LEGISLAÇÃO BRASILEIRA

Confira abaixo algumas leis federais que regulamentam o uso de agrotóxicos, a prática da agricultura orgânica e outras questões associadas. Todas elas sofreram modificações por leis posteriores – uma prova de que o debate em torno dos assuntos tratados continua vivo.

Lei dos agrotóxicos
Lei n. 7.802, de 10.07.1989

Estabelece as normas exigidas para a pesquisa, fabricação, aplicação, controle, comercialização, fiscalização e descarte das embalagens de agrotóxicos.

Lei da política agrícola
Lei n. 8.171, de 17.01.1991

Situa a proteção ao meio ambiente entre os objetivos da política agrícola nacional e estabelece a responsabilidade do Poder Público em controlar o uso do solo, da água, da fauna e da flora, além de promover ações agroecológicas e programas de educação ambiental.

Lei da engenharia genética
Lei n. 8.974, de 05.01.1995

Estabelece as normas exigidas para o cultivo, manuseio, transporte, comercialização, consumo e descarte de organismos geneticamente modificados (OGM).
Foi totalmente revogada pela Lei n. 11.105, de 24.03.2005.

Lei dos orgânicos
Lei n. 10.831, de 23.12.2003

Dispõe sobre a produção, rotulagem, armazenamento, transporte, certificação, fiscalização e comercialização de produtos orgânicos.

Instrução Normativa Conjunta MAPA/MMA
Lei n. 17, de 28.05.2009

Instrução Normativa Conjunta, envolvendo o Ministério da Agricultura, Pecuária e Abastecimento e o Ministério do Meio Ambiente.
Determina as normas técnicas para a obtenção de produtos orgânicos oriundos do extrativismo sustentável orgânico.

Instrução Normativa Conjunta MAPA/MS
Lei n. 18, de 28.05.2009

Instrução Normativa Conjunta, envolvendo o Ministério da Agricultura, Pecuária e Abastecimento e o Ministério da Saúde.
Regulamenta o processamento, armazenamento e transporte de produtos orgânicos.

2.
RESGATANDO O PASSADO PARA CONSTRUIR O FUTURO

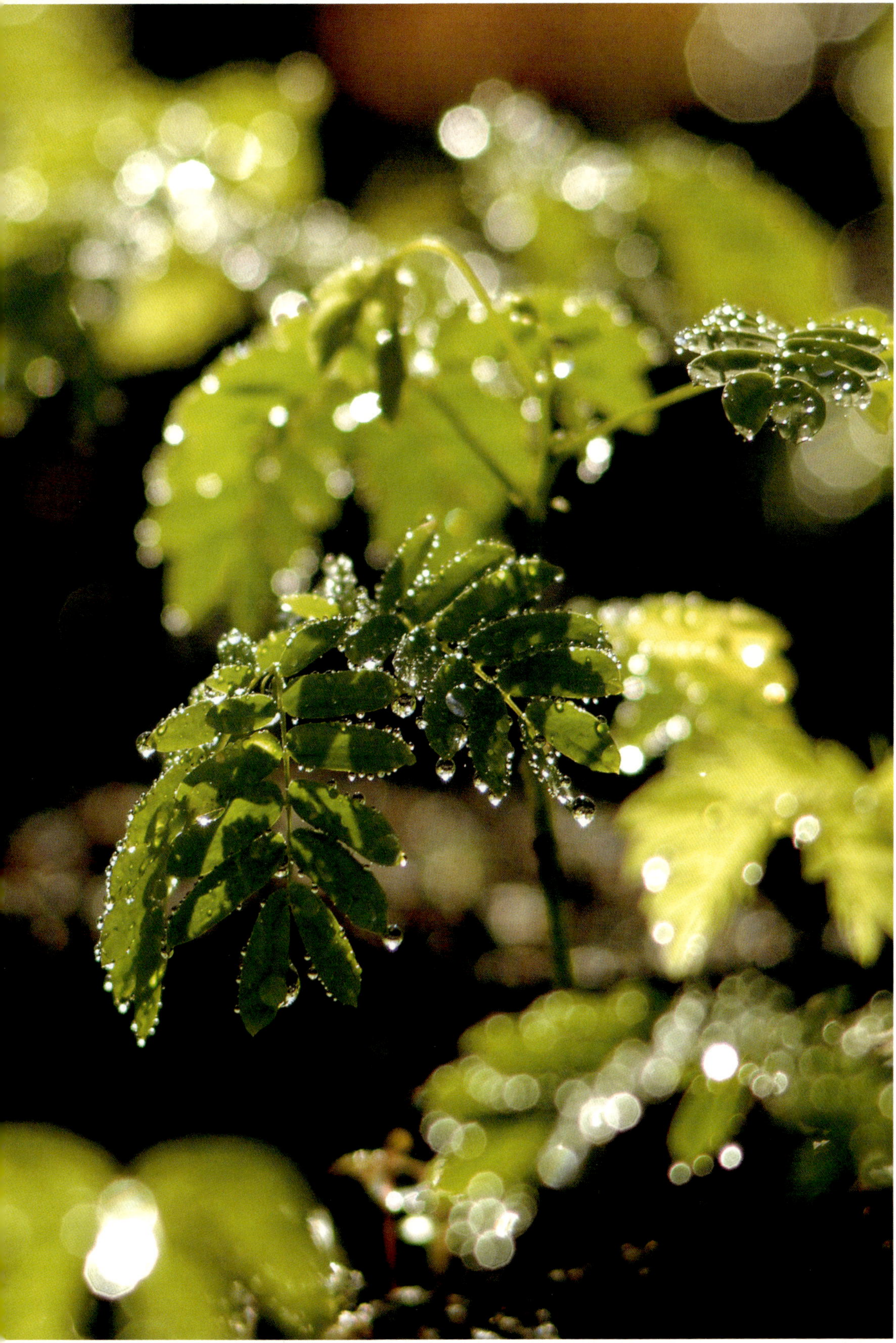

➤ A EVOLUÇÃO MILENAR DA AGRICULTURA LIVRE DE INSUMOS ARTIFICIAIS

Há cerca de dez mil anos, a Terra sofreu importantes transformações. Com o fim da última era glacial, as camadas de gelo que recobriam vastas áreas do planeta foram gradativamente substituídas por bosques e planícies, onde as formas de vida animal e vegetal se desenvolveram mais facilmente. Os homens, até então, agrupavam-se em tribos nômades e se deslocavam em busca de alimento, adquirido através da caça e da coleta de frutos. As melhorias climáticas permitiram que as tribos atingissem regiões anteriormente inóspitas, aproveitando os recursos naturais agora oferecidos por elas. Alguns grupos passaram a prestar atenção nos padrões de reprodução dos bichos, de modo a tomar atitudes para conservar seu equilíbrio – por exemplo, não caçar filhotes ou fêmeas grávidas. Perceberam também que certos grãos, enterrados sob determinadas condições, germinavam e geravam plantas de onde brotavam os mesmos grãos que, por sua vez, poderiam gerar novas plantas... e a partir dessas constatações desenvolveram suas primeiras experiências agrícolas.

Estima-se que a agricultura tenha surgido na mesma época em vários pontos do mundo. Há indícios de que, entre os anos 8000 e 6000 a.C., já se cultivavam trigo e cevada no Oriente Médio. Enquanto isso, na China, plantava-se arroz e, na América, milho e feijão. Paralelamente, tiveram início as práticas de criação de animais (cabras, ovelhas, porcos e bois), reduzindo a necessidade humana de recorrer à caça.

Durante toda a Idade Média, na Europa, a agricultura manteve um papel central na estrutura das sociedades. O feudalismo constituiu o sistema predominante de organização sociopolítica. Em troca de fidelidade militar, o rei ou um nobre concedia a outro nobre a posse de uma determinada porção de terras, alçando-o à condição de senhor feudal. O senhor feudal, por sua vez, fornecia aos camponeses um pedaço de chão e a promessa de proteção contra ataques bárbaros, contanto que cultivassem as terras do feudo. A economia feudal, portanto, girava em torno da agricultura de subsistência, sendo escassas as atividades comerciais entre os feudos.

A fim de se manter a fertilidade do solo, adotava-se a técnica de pousio, isto é, um sistema de rotação que alternava áreas cultivadas com áreas não cultivadas, em descanso para recuperar sua fertilidade.

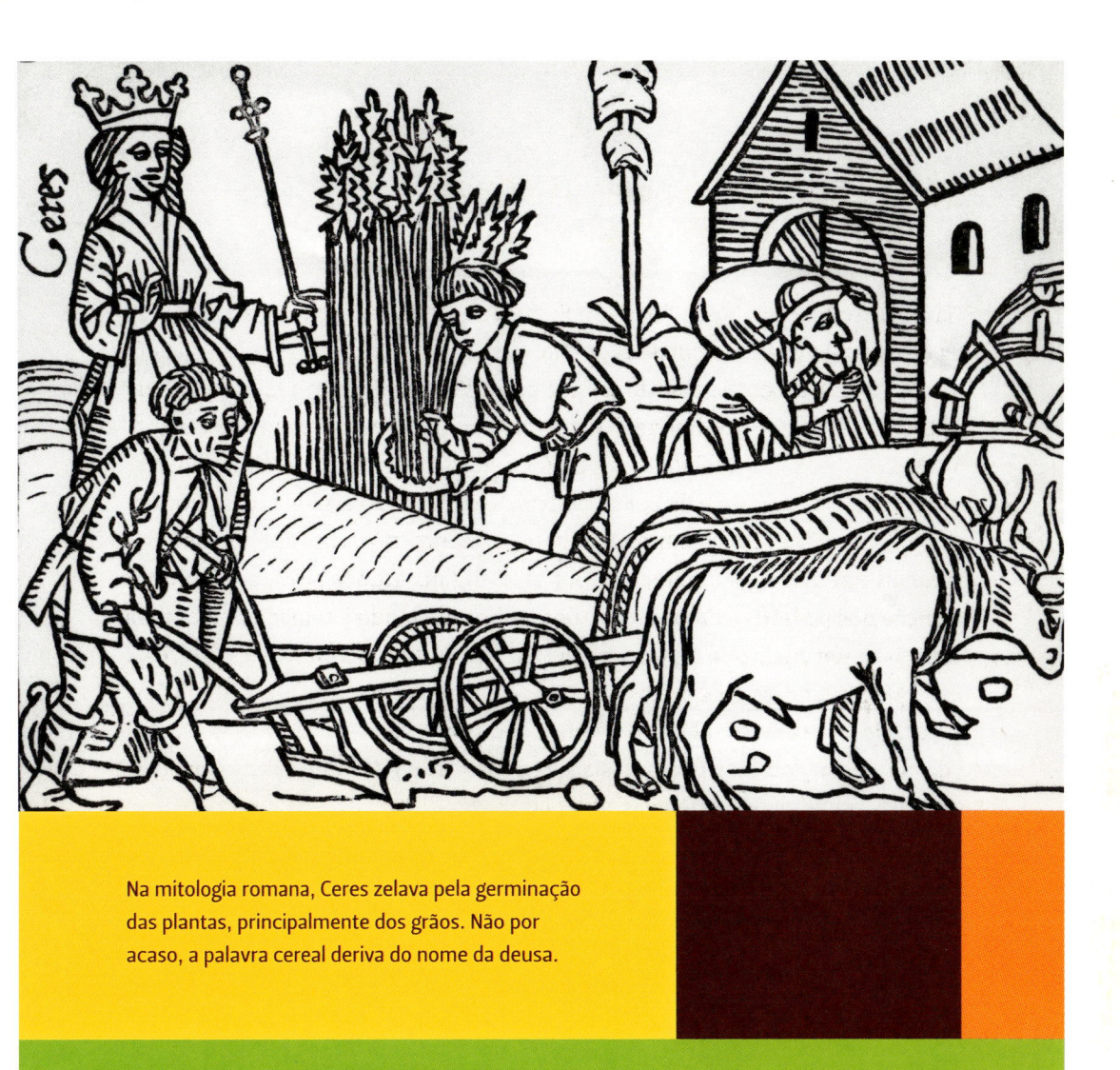

Na mitologia romana, Ceres zelava pela germinação das plantas, principalmente dos grãos. Não por acaso, a palavra cereal deriva do nome da deusa.

DEUSAS DA AGRICULTURA

Na antiga civilização etrusca, a deusa da agricultura se chamava Horta.

Descendentes dos etruscos, os gregos adoravam Deméter, deusa das terras cultivadas e das colheitas, que foi chamada de Ceres pelos romanos.

No Brasil, os índios tupis acreditavam que a arte da agricultura havia sido ensinada a seus ancestrais pela deusa Sumá.

Em todos esses casos, a relevância social da agricultura é comprovada pela existência de uma divindade que se ocupa especialmente em preservá-la e estimulá-la. São divindades femininas, pois simbolizam a ideia de fecundidade da terra.

FIXAÇÃO NA TERRA E DESENVOLVIMENTO SOCIOCULTURAL

Embora arcaicas e rudimentares, as primeiras atividades agrícolas trouxeram implicações determinantes para o modo de vida de nossos ancestrais. A possibilidade de se fixar na terra permitiu que eles se reunissem em aglomerados estáveis, o que posteriormente deu origem à organização social das cidades.

Diferente do nomadismo, situação em que o homem precisava limitar o número de objetos que transportava, o sedentarismo favorecido pela agricultura permitiu uma produção mais abundante e mais elaborada de instrumentos de utilidade prática ou até mesmo simbólica. Assim, criaram-se urnas funerárias para armazenar restos mortais, máscaras rituais para festividades, além de uma série de outros artefatos que passaram a enriquecer o acervo cultural dos grupos sociais.

Neste sentido, o surgimento da agricultura não mudou apenas os métodos usados pelo homem para obter alimentos, mas mudou também sua maneira de se relacionar com seus semelhantes e consigo mesmo, como sujeito inserido num contexto sociocultural.

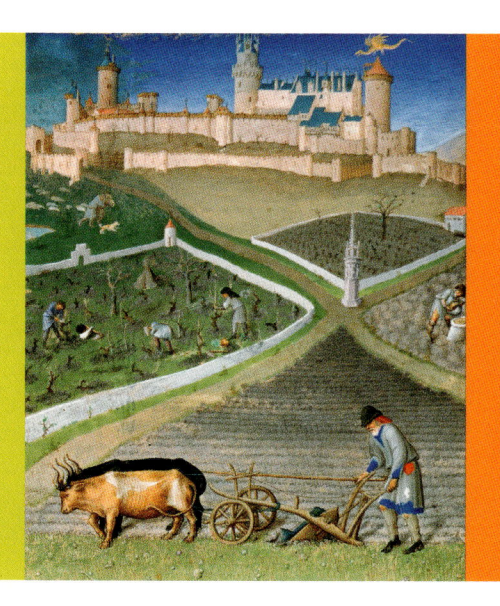

De modo geral, a estrutura de um feudo medieval europeu compreendia o castelo do senhor, rodeado de terras cultivadas pelos servos.

Visto que qualquer excedente de produção era confiscado pelo senhor, o feudalismo medieval não encorajava os camponeses a desenvolverem novas técnicas para incrementar a produtividade agrícola. Assim, ao final da Idade Média, o crescimento da população europeia, somado à queda da fertilidade dos solos exauridos após sucessivas culturas, tornou insuficiente a produção de alimentos, contribuindo para a proliferação da fome entre as camadas sociais menos favorecidas.

Já durante a Idade Moderna, entre os séculos XVII e XVIII, ocorreu a chamada Primeira Revolução Agrícola, envolvendo uma integração estratégica entre atividades agrícolas e pecuárias. Ao invés do pousio, um novo sistema de rotação adotava o cultivo de plantas forrageiras nas áreas que outrora permaneciam em repouso. Essas plantas apresentavam a dupla vantagem de servir de alimentação para o gado e, no caso de algumas espécies, fixar nitrogênio no solo, fertilizando-o naturalmente. Os excrementos dos animais também passaram a ser aproveitados para fins de adubação. O grande diferencial desse sistema foi, enfim, a promoção de um equilíbrio na relação entre vegetais e animais, pelo qual os insumos gerados nas propriedades garantiam sua própria manutenção. Como resultado desse manejo integrado, houve um aumento significativo na quantidade de alimentos produzidos, assim como um aprimoramento de sua qualidade.

A REVOLUÇÃO VERDE E O NASCIMENTO DA AGROQUÍMICA MODERNA

Durante o século XIX, a promessa progressista de que a ciência permitiria ao homem realizar o sonho de dominar e subjugar a natureza semeou a esperança de que o problema da fome seria definitivamente solucionado pelos avanços tecnológicos humanos.

O químico alemão Justus von Liebig disseminou a aposta de que a incorporação de substâncias químicas ao solo produziria um aumento notável da produção agrícola. Ao descrever pela primeira vez a fórmula do NPK, Liebig inaugurou a era dos fertilizantes sintéticos. Ele divide o título de precursor da agroquímica com o agrônomo francês Jean-Baptiste Boussingault, famoso pelos estudos sobre a fixação de nitrogênio atmosférico por certas espécies de leguminosas.

Inspirada por essa perspectiva cientificista, eclodiu a *Segunda Revolução Agrícola*, também conhecida como *Revolução Verde*. Além dos fertilizantes, a agroindústria se apropriou de outros recursos emergentes, como o desenvolvimento de máquinas movidas a combustão interna. Uma vez que novos insumos se propunham a substituir antigas práticas agrícolas, como a integração entre plantios e criações, disseminou-se a tendência à especialização das produções vegetal e animal, gerando uma desarticulação ecológica entre ambas. Nasceu, desse modo, a chamada *agricultura convencional* ou *agricultura química*, que, ao mesmo tempo em que possibilitou um aumento espetacular dos rendimentos agrícolas, resultou numa dependência generalizada dos agrossistemas em relação aos insumos comerciais.

No início do século XX, cientistas respeitados – como o químico francês Louis Pasteur, um pioneiro da microbiologia – teceram críticas ao trabalho de Liebig, defendendo a relevância da matéria orgânica na produção agrícola. Mas era tarde demais: a aposta nos insumos sintéticos já havia contagiado a agroindústria.

Em pouco tempo, o novo modelo agrícola conquistou o apoio de especialistas do campo da agronomia, sendo multiplicado por projetos de ensino e pesquisa afinados com seus princípios ideológicos. Em muitos países, criou-se uma estrutura de crédito rural condicionado ao uso de agroquímicos, contando com o respaldo de órgãos públicos ligados aos governos e até mesmo a organismos internacionais como o Banco Mundial, o Banco Interamericano de Desenvolvimento (BID) e a Agência das Nações Unidas para a Agricultura e a Alimentação (FAO).

O PROBLEMA DA FOME

O discurso de que a solução definitiva para a fome estaria no incremento da produção de alimentos justifica, até hoje, os avanços de tecnologias agrícolas artificiais, como a transgenia alimentar.

Porém, de acordo com o Prêmio Nobel de Economia Amartya Sen, o problema da fome no mundo não resulta da escassez ou da baixa produção de alimentos. Resulta, antes, da distribuição injusta de riquezas e de alimentos produzidos. Assim, é comum que grandes produtores recorram à queima de excedentes, a fim de controlar o preço de determinado produto no mercado, ao mesmo tempo em que muitas pessoas pobres não têm o que comer.

Por esse motivo, estudos recentes sugerem que as medidas de combate à fome devem priorizar ações contra a pobreza, ideia que consiste também numa premissa básica do desenvolvimento sustentável.

OS AGROTÓXICOS E AS GUERRAS DO SÉCULO XX

Como se sabe, os períodos de guerras costumam estimular o aprimoramento de tecnologias nefastas de interesse bélico. Esse foi o caso de vários agrotóxicos, cujo desenvolvimento se favoreceu diretamente pelos grandes embates internacionais do século XX.

> O primeiro inseticida já sintetizado, o *dicloro-difenil-tricloroetano* (mais conhecido como DDT), foi usado na Segunda Guerra Mundial para proteger soldados ingleses e norte-americanos contra piolhos, carrapatos e outros parasitas transmissores de doenças. Barato e rapidamente eficaz, o sucesso do DDT foi tamanho que Paul Müller, químico suíço que havia descoberto sua ação pesticida, ganhou o Prêmio Nobel de Fisiologia em 1948. Após a guerra, passou a ser aplicado na agricultura e também em muitos lares, com a prática da *dedetização*. O advento do DDT deflagrou um desenvolvimento vertiginoso da indústria agroquímica, cujos lançamentos passaram a substituir os métodos de controle de pragas até então utilizados – biológicos, físicos e culturais. No entanto, a desorganização do equilíbrio ambiental promovida pelo inseticida logo se fez evidente. Por efeito de mutações, ainda na década de 1940, surgiram insetos resistentes ao DDT, tornando necessárias doses cada vez maiores. O composto se mostrou capaz de permanecer no solo por mais de três décadas após a aplicação. E assim como se acumula no solo, tende a acumular-se nas águas dos rios e nos organismos dos animais que consomem produtos contaminados por ele, inclusive o homem.

> Também durante a Segunda Guerra Mundial, o *cianeto de hidrogênio* foi utilizado como arma química: devido ao seu grande potencial venenoso, participava da composição do pesticida Zyklon B, exalado nas câmaras de gás dos campos de concentração nazistas. Após a guerra, essa substância de altíssima letalidade passou a compor a fórmula de defensivos aplicados em lavouras para exterminar insetos e parasitas.

> Entre 1962 e 1971, no decorrer da guerra do Vietnã, os Estados Unidos fizeram uso sistemático de um poderoso herbicida desfolhante, conhecido como *agente laranja*.

Utilizado como arma de guerra por pilotos norte-americanos, o herbicida conhecido como agente laranja envenenou grande parte das florestas vietnamitas, provocando centenas de milhares de mortes humanas.

Sobrevoando vastas áreas de florestas vietnamitas, os militares norte-americanos liberavam nuvens de produto sobre a mata, com o intuito de extinguir a cobertura vegetal que servia de esconderijo e fonte de alimentação para seus inimigos. Após nove anos de constante contaminação, mais de quatro milhões e meio de vietnamitas haviam sido expostos ao veneno, o que culminou em aproximadamente 400 mil mortes e 500 mil casos de bebês nascidos com más formações congênitas. Apesar da grande repercussão mundial desse grave crime de guerra, que despertou o repúdio da própria população norte-americana, as duas principais substâncias herbicidas que compõem o agente laranja, o ácido triclorofenoxiacético (2,4,5-T) e o ácido diclorofenóxiacético (2,4-D), ainda hoje estão presentes em composições de insumos agrícolas.

Impactos ambientais e sociais

Desde que eclodiu a Revolução Verde, os praguicidas passaram a ser amplamente utilizados em diversas etapas da produção agrícola, sem que houvesse uma efetiva preocupação com seus possíveis impactos a longo prazo.

Mas esses impactos não tardaram a se manifestar. Através dos ventos e das águas, defensivos não biodegradáveis (que demoram um longo período para serem decompostos por microrganismos) se mostraram capazes de se deslocar a muitos quilômetros de distância do local onde foram inicialmente aplicados, poluindo rios, intoxicando solos, contaminando e matando animais silvestres. A expansão da agricultura convencional também levou ao desflorestamento de grandes áreas, culminando na redução da biodiversidade dos ecossistemas e na erosão e perda de fertilidade dos solos.

Ao lado dos desastrosos impactos ambientais e das assustadoras ameaças à saúde humana, a Revolução Verde gerou um agravamento das diferenças sociais entre grandes e pequenos agricultores. Os primeiros, munidos de capital suficiente para financiar os insumos químicos e a maquinaria destinada à produção em larga escala, conseguiram se beneficiar dos novos paradigmas do agronegócio. Os últimos, em sua maioria, foram expulsos do campo e passaram a engrossar a massa de desempregados nos já inchados centros urbanos. Desta maneira, a promessa de dar fim à fome no mundo, por ironia, acabou promovendo o efeito inverso: migrações, desemprego, pobreza, marginalização e, consequentemente, fome.

PRIMAVERA SILENCIOSA

Em 1962, a zoóloga e bióloga norte-americana Rachel Carson publicou *Primavera silenciosa* (*Silent Spring*), considerada a obra inaugural do pensamento ambientalista.

O *best-seller* de Carson expôs graves problemas ecológicos resultantes do uso de insumos sintéticos, denunciando uma série de perigos envolvidos no modelo da agricultura convencional, que depende de combustíveis não renováveis e faz uso constante de substâncias tóxicas.

Traduzido para diversos idiomas, o livro deu início a um debate sem precedentes sobre o assunto, conquistando grande aceitação da opinião pública. Uma de suas consequências diretas foi a proibição do DDT nas lavouras dos Estados Unidos.

🐾 UM BREVE HISTÓRICO DA AGRICULTURA NO BRASIL

Os primeiros europeus a desembarcar no litoral brasileiro depararam com populações indígenas que se alimentavam de peixes e frutos do mar, além da carne de pequenos animais capturados nas redondezas. A maioria dessas populações tinha na caça e na pesca duas fontes abundantes de nutrição, mas ainda assim plantava alimentos. Há relatos de que grupos indígenas do tronco tupi, majoritários em áreas litorâneas, cultivavam mandioca, cará e árvores frutíferas.

Relata-se também que, entre os grupos tupis, os tupinambás selecionavam sementes a fim de aprimorar o desempenho das espécies e transmitiam de pai para filho um vasto conhecimento empírico sobre as plantas, inclusive sobre suas propriedades medicinais. Em algumas tribos, as mulheres se dedicavam à domesticação de pequenos animais e à fabricação de azeites e farinhas.

Ainda assim, se comparada à de outros povos pré-colombianos, a produção agrícola das populações indígenas do Brasil era bastante tímida. Com o início da colonização, porém, muitos índios atuaram como agricultores no contexto das missões jesuítas, sobretudo ao longo dos séculos XVI e XVII. Em certos pontos da Amazônia, a mão de obra indígena era capaz de produzir um excedente suficiente para abastecer cidades inteiras.

Se as práticas indígenas foram reproduzidas por séculos a fio sem gerar interferências significativas nos ecossistemas locais, o mesmo não pode ser dito

O TRÁGICO ACIDENTE DE BHOPAL

Em 1984, a cidade de Bhopal, na Índia, foi palco de um dos maiores acidentes da História envolvendo substâncias utilizadas na composição de agroquímicos.

Uma nuvem do gás tóxico metil isocianato escapou de uma fábrica de pesticidas norte-americana, a *Union Carbide*, matando milhares de habitantes quase instantaneamente por sufocamento. Outros milhares, já contaminados, faleceram durante a caótica tentativa de evacuação da cidade. Milhares de cabeças de gado e animais domésticos também perderam a vida, e o solo foi severamente envenenado.

Atualmente, mais de cem mil indianos ainda sofrem com doenças crônicas associadas ao acidente.

Evidências históricas sugerem a existência de uma agricultura camponesa praticada por escravos africanos no Brasil Colônia.

UMA BRECHA PARA A AGRICULTURA CAMPONESA

Apesar da predominância do sistema de *plantations*, é sabido que um número significativo de escravos, fossem índios ou africanos, conseguia permissão para manter plantios diversificados em pequenos lotes de terra cedidos pelo senhor. Afinal, era preciso gerar alimentos para atender à demanda interna. Essa atividade marginal é chamada de brecha camponesa: à margem das grandes monoculturas de exportação, praticava-se um protocampesinato escravo, caracterizado pela policultura associada à criação de animais.

No caso dos escravos africanos, documentos comprovam que a prática da brecha camponesa lhes era oficialmente autorizada em várias fazendas, principalmente durante os séculos XVII e XVIII. Em geral, os senhores aceitavam que os escravos cultivassem seu pequeno lote de terra aos sábados. Desse modo, minimizavam os custos de manutenção de seus trabalhadores e evitavam fugas, pois aqueles que fugissem perdiam a concessão de uso da terra. A produção se destinava não apenas à alimentação dos escravos, mas também à comercialização: não raro, o próprio senhor comprava os excedentes da produção, ainda que a preços muito abaixo dos de mercado. Embora escassos, existem registros de escravos que conseguiram comprar sua liberdade a partir da venda de sua produção agropecuária. Também no caso de mestiços (filhos bastardos de senhores, sem direito a herança), a agricultura camponesa consistia numa alternativa significativa na luta pela sobrevivência.

Entre os escravos que conseguiam fugir do trabalho compulsório e se aquilombar nas florestas, as pequenas lavouras policultoras contribuíram igualmente para garantir sua subsistência, ao lado de outras atividades como a caça e a pesca. Os habitantes do famoso quilombo dos Palmares, por exemplo, cultivavam mandioca, milho, feijão e árvores frutíferas como bananeiras e laranjeiras.

das atividades empreendidas pelos colonizadores portugueses. Desde sua chegada, eles estabeleceram com a exuberante natureza do território colonial uma relação pautada pela exploração. Engajados na extração do pau-brasil, deram início a uma sistemática devastação das vegetações costeiras. Logo constataram o magnífico potencial agrícola daquela imensidão de solos intocados, e inauguraram o sistema de *plantations*: grandes monoculturas voltadas para a exportação, cultivadas por mão de obra escrava. Começando pela produção da cana-de-açúcar, esse sistema também caracterizou o cultivo colonial do café.

    A agropecuária extensiva foi amplamente adotada durante os anos coloniais. Uma vez esgotada a fertilidade do solo, o local era abandonado para que o ciclo recomeçasse em terras virgens. Para tornar as novas terras aptas à exploração, realizavam-se sucessivos desmatamentos. E após um longo período bem-sucedido da grande lavoura de exportação, a precariedade técnica e administrativa no manejo da produção resultou numa profunda crise agrícola, agravada com o fim da escravidão, no século XIX.

A modernização conservadora

Entre as décadas de 1930 e 1950, transcorreu a chamada Revolução Industrial brasileira: os holofotes da economia se voltaram para o processo de industrialização nacional, associado a altos índices de crescimento urbano.

    Para atender à demanda por mão de obra nas indústrias emergentes, adotou-se uma estratégia, sobretudo a partir dos anos 1960, a fim de transferir trabalhadores rurais para os centros urbanos: o estímulo à utilização de equipamentos e agroquímicos capazes de substituir, a curto prazo, uma parte significativa do trabalho humano no campo. O ideário da Revolução Verde chegava, enfim, ao país.

    A adoção das novas técnicas rurais recebeu, no Brasil, o nome de *modernização conservadora*. Tratava-se de um pro-

A CONTRIBUIÇÃO DOS IMIGRANTES

Ao longo do século XIX, muitos imigrantes vieram ao Brasil em busca de oportunidades de trabalho no campo. Assim aconteceu, em 1824, com os alemães destinados a instalar colônias nos estados do sul, ainda despovoados e visados pelos países vizinhos. Ao chegarem, receberam sementes e cabeças de gado. E trouxeram para o país algumas técnicas rurais importantes, como a utilização de moinhos para processar o trigo.

Depois de declarado o fim do tráfico negreiro, em 1850, o incremento da imigração permitiu a transição da mão de obra escrava para a mão de obra livre. Nesse momento, um grande número de italianos foi recrutado para trabalhar nas lavouras de café em São Paulo, onde havia uma enorme demanda de trabalhadores. Em várias fazendas, passou a ser adotado o sistema de colonato: em troca de sua força de trabalho, o imigrante e sua família recebiam como pagamento uma quantia em dinheiro e um pedaço de terra para manter cultivos diversificados.

Nas serras gaúchas, muitos italianos se converteram em pequenos produtores independentes, à frente de policulturas de subsistência cujo excedente era comercializado. Esse grupo de agricultores familiares inaugurou o cultivo de videiras na região e conseguiu se destacar pela produção de vinho. Assim como os alemães, os italianos tiveram então um papel determinante no fornecimento de alimentos para o mercado interno brasileiro. Em geral, as colônias de imigrantes que mais prosperavam eram as mais próximas aos centros urbanos, pois sua localização facilitava o escoamento dos excedentes.

No Paraná, camponeses eslavos introduziram um modelo peculiar de carroça para transportar seus produtos agrícolas – repolho e batata, entre outros. Até hoje, agricultores paranaenses fazem uso da carroça tradicional eslava.

No início do século XX, as grandes lavouras cafeeiras voltaram a demandar mão de obra, recebendo um grande contingente de imigrantes japoneses. Uma vez que cumpriam suas exigências contratuais junto aos fazendeiros, os trabalhadores tendiam a permanecer no Brasil, cultivando legumes, frutas, hortaliças e produtos avícolas em pequenas propriedades.

Durante aproximadamente um século, uma parte considerável dos imigrantes que aqui chegaram manteve a agricultura camponesa como alternativa ao modelo preponderante de *plantations* e pecuária extensiva, antes que os efeitos tardios da Revolução Verde se fizessem notar no Brasil.

cesso de modernização porque tinha como objetivo transformar o espaço agrícola, incrementando a oferta de produtos exportáveis e liberando recursos humanos para a indústria. Por outro lado, tratava-se de um processo conservador porque contribuía para reforçar a concentração fundiária já existente no país, aumentando o abismo entre os grandes fazendeiros e os pequenos agricultores.

Ao mesmo tempo em que a produtividade industrial se elevava com rapidez, intensificava-se o êxodo rural. Em busca de empregos, um sem-número de trabalhadores partia para as cidades, onde deparava com um mercado de trabalho competitivo e pouco rentável. Entre aqueles que conseguiam permanecer no campo, a maioria se via obrigada a prestar serviços temporários, por pagamentos irrisórios, em propriedades alheias. Sem melhores perspectivas, muitos passaram a se acumular em periferias, à margem dos grandes centros industriais, ou em favelas, reforçando os problemas ambientais decorrentes de uma ocupação urbana desordenada. Aliás, são incontáveis os prejuízos ambientais resultantes desse processo: a poluição de rios, a desertificação de solos, a contaminação de alimentos por resíduos tóxicos, o desmatamento irresponsável de vastas áreas florestais, a redução da biodiversidade... e a lista não termina aí.

Nas décadas seguintes, o consumo de agrotóxicos e fertilizantes químicos continuou em franca expansão. O país bateu recordes de produtividade agrícola, destacando-se no contexto internacional do *agrobusiness*. Enquanto isso, a desigualdade na distribuição de terras também cresceu vergonhosamente, ampliando o contingente nacional de milhões de agricultores sem-terra.

A EMERGÊNCIA DE UM NOVO PARADIGMA

A despeito da hegemonia do modelo agrícola convencional, no Brasil e no mundo, ao longo do século XX surgiram diferentes correntes que, cada qual à sua maneira, defendiam a ideia de uma agricultura alternativa. A agricultura que chamamos hoje de orgânica deriva de uma fusão entre essas correntes.

Década de 1920
Em 1924, o pensador austríaco Rudolf Steiner concebeu a *agricultura biodinâmica*, preconizando que o equilíbrio da propriedade agrícola depende da

harmonização entre as atividades empreendidas no local, tais como o cultivo da terra e a criação de animais. A proposta era o estabelecimento de um sistema naturalmente autossustentável, ou seja, o mais independente possível de energia e insumos externos. Utilizavam-se preparados biodinâmicos, elaborados a partir de substâncias minerais, vegetais e animais em compostos líquidos de alta diluição.

Década de 1930
Apostando que a obediência às leis da natureza promove a harmonia entre os seres vivos, o filósofo japonês Mokiti Okada idealizou a *agricultura natural*. Seus adeptos reconheciam a vitalidade do solo como um efeito da reciclagem de recursos naturais. E assumiam que essa vitalidade pode ser transmitida ao ser humano, na medida que um solo saudável gera plantas saudáveis, que servirão de alimento para o homem e concorrerão para sua saúde.

Década de 1940
O botânico e agrônomo inglês *Sir* Albert Howard realizou estudos na Índia desde a década de 1920, mas somente em 1940 publicou *Um testamento agrícola* (*An Agricultural Testament*), divulgando os preceitos da agricultura biológica. O livro defendia o uso da adubação biológica (à base de matéria orgânica e húmus) para a fertilização do solo, encarado como um organismo vivo e complexo. Howard é considerado por muitos o precursor da agricultura orgânica.

Década de 1950
O bioquímico francês André Voisin desenvolveu um método de manejo de pastagens – o *sistema Voisin* – envolvendo uma preocupação constante com a preservação dos nutrientes do solo, de modo a favorecer uma interação benéfica entre plantas e animais. Em 1957, Voisin publicou *Produtividade do pasto* (*Productivité de l'herbe*), a primeira de suas obras, onde expõe o conceito de pastagem ecológica e os princípios do pastoreio racional.

Década de 1960
Nos Estados Unidos, foi posto em prática um conjunto de técnicas de controle integrado, posteriormente denominadas *manejo integrado de pragas* (MIP). Apostou-se que seria possível conviver com as pragas, contanto que sua popu-

lação se mantivesse numa quantidade em que os custos de controle ainda fossem maiores do que os prejuízos à lavoura. Constatou-se, assim, que a situação geralmente podia ser solucionada pelos mecanismos naturais inerentes a um estado de equilíbrio ecológico. Iniciativas semelhantes surgiram na Austrália, na mesma época, entre pesquisadores que procuravam interferir o mínimo possível no ecossistema agrícola.

Durante os anos 1970, começou a eclodir um movimento unificado e sistemático em oposição à agricultura convencional, com porta-vozes em diversos pontos do mundo.

> Em 1971, surgiu a *agricultura ecológica* nos Estados Unidos, ao mesmo tempo em que a *permacultura* se desenvolvia na Austrália.
> Em 1972, na França, centenas de entidades ambientalistas ligadas à agricultura se uniram para formar a Federação Internacional de Agricultura Orgânica (*International Federation on Organic Agriculture* – IFOAM), a fim de estabelecer acordos internacionais em prol da harmonização de normas técnicas e dos procedimentos de certificação.
> Também em 1972, a capital da Suécia sediou a *Primeira Conferência Mundial sobre o Homem e o Meio Ambiente* – a *Conferência de Estocolmo*. A reunião foi proposta pela ONU diante das denúncias da comunidade científica quanto a problemas ambientais que já ameaçavam o planeta.
> Em 1977, na Holanda, o Ministério da Agricultura e Pesca publicou um relatório com a análise de todas as correntes de agricultura alternativa, que se tornou conhecido como o *Relatório Holandês*.

No Brasil, realizavam-se as primeiras experiências práticas no campo da agricultura orgânica. Em 1972, foi fundada a Estância Demétria, no município paulista de Botucatu, adotando-se os preceitos da agricultura biodinâmica. No ano seguinte, o engenheiro agrônomo Yoshio Tsuzuki, formado no Japão, instalou uma granja orgânica em Cotia, também no estado de São Paulo.

Pouco a pouco, as denúncias de pesquisadores e especialistas contra os efeitos adversos dos métodos agrícolas convencionais encorajaram a mobilização popular e a formação de diversas ONGs dedicadas à agricultura alternativa.

Em 1992, o Rio de Janeiro sediou a *Conferência das Nações Unidas sobre o Meio Ambiente e o Desenvolvimento* (CNUMAD), mais conhecida como ECO 92

A DEFESA DA AGRICULTURA ALTERNATIVA NO BRASIL

Em sintonia com o movimento mundial pela agricultura alternativa, alguns pensadores brasileiros, a despeito do contexto político de ditadura militar, lançaram obras de relevância para o pensamento ecológico nacional, exercendo forte influência sobre pesquisadores, produtores e outros profissionais ligados à agricultura.
> Em 1976, o ambientalista José Lutzemberger defendeu a adoção de práticas agrícolas ecológicas em seu *Manifesto ecológico brasileiro: Fim do futuro?*
> Em 1979, a professora Ana Primavesi identificou os princípios da prática agroecológica em regiões tropicais, no livro *Manejo ecológico do solo*, que se tornou a bíblia da agroecologia brasileira.
> No mesmo ano de 1979, o professor Adilson Paschoal esclareceu a relação entre o aumento do uso de agrotóxicos e o aumento da ocorrência de pragas, na obra *Pragas, praguicidas e crise ambiental*.

AGENDA 21

Elaborada durante a ECO 92, a Agenda 21 é um plano de ação para promover um novo padrão de desenvolvimento em escala planetária, conciliando a preservação ambiental, a justiça social e o crescimento econômico.

Entre os quarenta capítulos do documento, muitos nomeiam princípios diretamente articulados ao modelo da agricultura orgânica e ecológica. Veja alguns exemplos:
> Combate à pobreza
> Mudança dos padrões de consumo
> Proteção e promoção das condições da saúde humana
> Promoção do desenvolvimento sustentável dos assentamentos humanos
> Integração entre meio ambiente e desenvolvimento na tomada de decisões
> Promoção do desenvolvimento rural e agrícola sustentável
> Conservação da diversidade biológica
> Fortalecimento do papel dos agricultores

ou Rio 92. Pela primeira vez, lideranças de quase todos os países do mundo se reuniram para definir de que maneira poderiam submeter o esforço de desenvolvimento das nações à problemática ambiental planetária. Nesse contexto, nasceu o conceito de *desenvolvimento sustentável*, que propõe um redirecionamento de ações econômicas, sociais, políticas, científicas e éticas, a fim de salvaguardar a existência das futuras gerações.

Do conceito de desenvolvimento sustentável derivou o conceito de *agricultura sustentável*, definido pelo manejo agrícola de recursos naturais renováveis, de modo a respeitar o equilíbrio ecológico do próprio sistema de produção. Os produtos gerados desta maneira passaram a ser identificados por selos de certificação ambiental, deixando clara ao consumidor sua procedência orgânica.

Em 1997, um novo acordo internacional foi discutido no Japão. Diferente da Agenda 21, que apresentava apenas propostas, o *Protocolo de Kyoto* definiu metas precisas para a redução da emissão de gases poluentes que intensificam o efeito estufa. O presidente dos Estados Unidos, George W. Bush, declarou que não estava disposto a sacrificar o desenvolvimento econômico de seu país adotando as medidas previstas no documento, então decidiu não assiná-lo. Mesmo sem a adesão norte-americana, o acordo foi ratificado em 1999, mas só entrou em vigor em 2005.

Nos últimos anos, a ideia de que todo cidadão deve fazer sua parte para a preservação do planeta – reciclando o lixo doméstico, preferindo meios de transporte não poluentes etc. – sensibilizou uma parte significativa da população das nações desenvolvidas, começando a se disseminar recentemente entre as nações em desenvolvimento. Assim, uma ampla gama de movimentos sociais tem se estruturado em torno de uma mudança de perspectiva na relação do homem com o meio ambiente, sublinhando não apenas a responsabilidade do Poder Público nesse processo, mas também a responsabilidade de cada pessoa.

As noções de *comércio justo* (*fair trade*) e consumo ético são exemplos de uma nova postura assumida pelo consumidor consciente, que se preocupa antes com as implicações éticas de sua compra do que com fatores como preço, disponibilidade nos mercados ou facilidade de acesso.

A AGRICULTURA ORGÂNICA NO BRASIL CONTEMPORÂNEO

Um levantamento do Banco Nacional do Desenvolvimento (BNDES) confirmou que a agricultura orgânica vem crescendo em todo o território nacional. Com base em dados apurados junto a certificadoras e secretarias de agricultura de diversos estados brasileiros, estima-se que o setor tenha faturado cerca de US$ 90 milhões em 1998, passando para US$ 150 milhões em 1999 e chegando a uma quantia entre US$ 220 e 300 milhões em 2001.

Segundo o Censo Agropecuário do IBGE concluído em 2006 e divulgado em 2009, mais de 90 mil estabelecimentos agropecuários brasileiros já adotam o manejo orgânico. Esse número, entretanto, corresponde a apenas 1,8% dos estabelecimentos pesquisados – uma porcentagem muito baixa se comparada à de países europeus como a Áustria, que tem cerca de 20% do seu território ocupado pela agricultura orgânica. É preciso observar, porém, que o IBGE fez a escolha metodológica de incluir na estatística apenas produtores certificados ou em processo de certificação, deixando de fora todos aqueles que mantêm práticas agrícolas de cunho orgânico mas permanecem alheios às normas de certificação, frequentemente por desconhecê-las.

Quanto aos estabelecimentos onde se utilizam agrotóxicos, o censo verificou que mais da metade não recebe orientação técnica para fazê-lo e 20% realizam a aplicação dos venenos sem qualquer instrumento de proteção. Constatou-se que 15,7% dos produtores responsáveis pela propriedade não sabem ler e escrever, o que potencializa o risco de intoxicação e uso inadequado dos defensivos. O nível de analfabetismo entre os produtores orgânicos também é alto, chegando a 22,3%. Esses dados deixam clara a necessidade urgente de se investir na formação e assistência técnica do trabalhador rural.

Conforme o último relatório do Programa de Assentamentos Humanos da ONU, divulgado em 2010, o intenso processo de urbanização iniciado no século passado não contribuiu para diminuir a pobreza nos países latino-americanos – muito pelo contrário: promoveu o inchaço das cidades, agravando as diferenças sociais. Uma média de 79% da população desses países vive em centros urbanos e, nessas circunstâncias, o número de pessoas em situação de miséria tem aumentado nas últimas décadas.

Talvez seja a hora de promover um retorno ao campo – uma espécie de *êxodo urbano*. Mas essa é uma proposta que demandaria investimentos pesados em infraestrutura no campo, ampliando e melhorando a qualidade dos serviços básicos de educação, saúde, transporte etc.

3.
A ASCENSÃO DA AGRICULTURA ORGÂNICA NO RIO DE JANEIRO

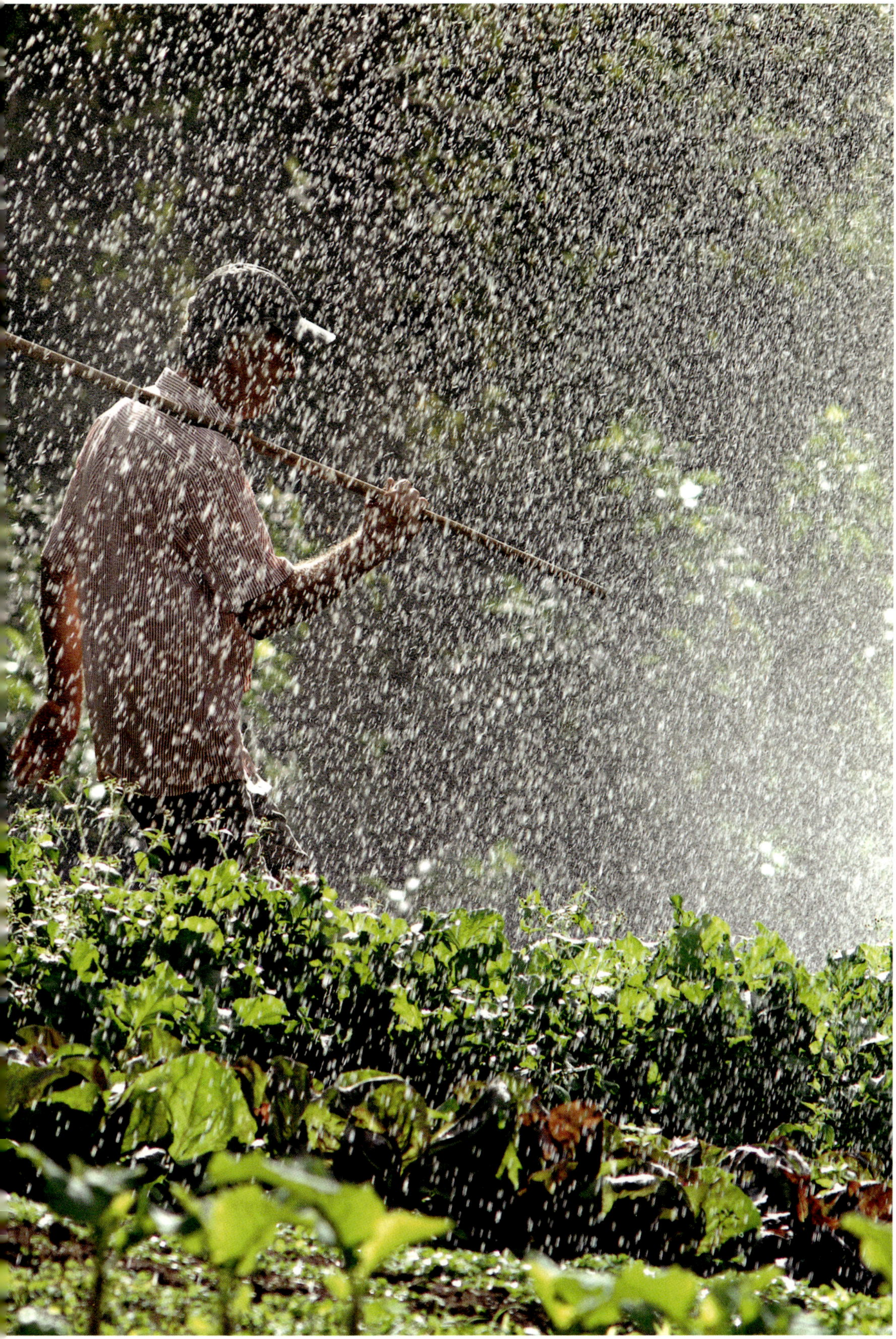

➤ NA CONTRAMÃO DA REVOLUÇÃO VERDE

Durante o período colonial, foram empreendidas, no Rio de Janeiro, diversas atividades econômicas com efeitos predatórios sobre os ecossistemas locais. Embora não ocupassem uma área tão vasta quanto em outros estados, as lavouras cafeeiras e a pecuária extensiva contribuíram para um processo de desmatamento em larga escala, agravado com o surto de urbanização e industrialização ocorrido no século passado. Como resultado desses fatores, as florestas ocupam hoje somente um décimo do território fluminense.

Ao longo dos séculos XIX e XX, o estado recebeu uma quantidade significativa de imigrantes, o que favoreceu a formação de novas unidades produtivas caracterizadas pela agricultura familiar. Tais propriedades atendiam uma boa parte das demandas do mercado interno de alimentos, principalmente da cidade do Rio de Janeiro e sua região metropolitana. Mas quando os efeitos da Revolução Verde se fizeram sentir, instalou-se uma crise no campo e um grande número de trabalhadores rurais foi tentar a vida na capital.

No final do século XX, muitos cidadãos fluminenses começaram a expressar seu descontentamento em relação ao modelo agrícola hegemônico. E alguns deles decidiram se articular.

Mobilização de consumidores e produtores

Na edição do dia 12 de janeiro de 1979, a seção de cartas do Jornal do Brasil exibia uma proposta: Joaquim Moura convocava outros leitores que, como ele, estivessem preocupados em mobilizar a população, a mídia e o Poder Público quanto a problemas relativos à alimentação. O autor da carta sugeria a criação de uma cooperativa e marcou com os possíveis interessados uma reunião no Parque Lage, recanto bucólico na cidade do Rio de Janeiro. Para sua grande surpresa, compareceram à reunião cerca de duzentas pessoas – uma quantidade muito maior do que ele havia previsto –, dando mostras da existência de uma demanda coletiva por mudanças nesse campo, que se mantinha oculta.

Essa lendária reunião é lembrada até hoje como o marco inicial da fundação da Cooperativa de Consumidores de Produtos Naturais (Coonatura), a primeira cooperativa autogestora de consumidores orgânicos do estado do Rio de Janeiro. No ano anterior, uma cooperativa semelhante havia sido fundada no Rio Grande do Sul, a Coolmeia. Embora já houvesse instituições parecidas na

Há mais de 30 anos, José Newton de Lima cultiva frutas, legumes e verduras sem agroquímicos. Agora, transmite os princípios da agricultura orgânica a seus filhos e netos.

O Brejal, em Petrópolis, é considerado o berço da produção orgânica fluminense. Até hoje, os agricultores locais se destacam por sua vasta produção de hortaliças.

MEMÓRIA E IDENTIDADE CULTURAL

O caráter familiar dos agricultores do Brejal foi um fator especialmente valorizado desde os primeiros contatos estabelecidos com eles por representantes da Coonatura. Houve uma proposta de recuperar memórias de infância mantidas por esses trabalhadores, a fim de resgatar técnicas agrícolas usadas por seus pais ou avós, em tempos anteriores à proliferação do uso de agroquímicos. Técnicas que haviam caído no esquecimento, abafadas pela supremacia da agricultura convencional. Técnicas que hoje chamamos de orgânicas e agroecológicas, mas que foram transmitidas por muitas gerações antes mesmo da sistematização dessas categorias.

O reconhecimento da importância dessas técnicas contribui diretamente para a preservação do patrimônio cultural associado ao universo rural brasileiro. E no caso específico do Brejal, também contribuiu, naquele momento, para tornar possível a adoção do manejo orgânico numa época em que a bibliografia sobre o assunto ainda era muito escassa no país. Nas palavras de Paulo Aguinaga, os primeiros anos no Brejal envolveram uma mistura de diferentes referências: "Foi um misto de experimentação, de resgate desse conhecimento que estava se perdendo e um pouco de informação de fora, dos trabalhos técnicos que já estavam mais adiantados."

Europa, a Coonatura e a Coolmeia eram únicas no Brasil, desempenhando um papel inovador de incentivo à agricultura orgânica.

Inicialmente, a Coonatura pretendia apenas abrir um espaço para a livre troca de ideias e criação de projetos. Pouco mais de um ano após sua fundação, ela se estruturou de fato em torno do consumo de alimentos orgânicos. O problema era que esses alimentos praticamente não existiam na cidade.

Decidido a produzir orgânicos para fornecer à cooperativa, um de seus fundadores, Paulo Aguinaga, mudou-se para o Brejal – uma localidade no distrito da Posse, em Petrópolis. Aos poucos, começou a se integrar com a comunidade local, convencendo seus vizinhos agricultores a transformar suas lavouras convencionais em orgânicas. Paulo conta que esse trabalho de persuasão não foi nada fácil: "Havia uma campanha muito forte das indústrias de veneno. Os agricultores achavam que plantar sem veneno não iria adiantar. Além do mais, nessa época, só existia linha de crédito no Brasil para quem usasse insumos químicos."

Curiosamente, as mulheres da comunidade tiveram um papel decisivo nesse processo. Enquanto seus maridos tendiam a cultivar alimentos do modo convencional, elas nutriam a tradição de manter uma pequena horta livre de agrotóxicos, plantando artigos básicos para o consumo da família, como verduras e temperos. Quando o transporte da Coonatura passava pelas redondezas em busca dos produtos orgânicos, algumas mulheres forneciam um ou outro alimento excedente de sua horta. À medida que começaram a receber um retorno financeiro, elas passaram a produzir mais e mais, até conseguirem quebrar a resistência de seus maridos.

Um dos mais antigos produtores da região, José Newton de Lima, diverte-se ao se lembrar da diferença entre os seus hábitos e os da esposa: "Ela plantava orgânico, eu plantava convencional. Até que o orgânico venceu o convencional!" Há três décadas, José e sua família mantêm o cultivo orgânico de cerca de 30 espécies de frutas e hortaliças. Filho de agricultores, ele agora divide seu sítio com os próprios filhos, genros, noras e netos.

Apesar das dificuldades, o grupo contava com uma vantagem estratégica: os produtores não precisavam correr atrás do mercado – o mercado corria atrás deles. No início, todos os alimentos eram transportados numa rural, que teve que ser substituída por uma kombi, e depois por duas kombis, e depois por um caminhão, e enfim por um caminhão maior. Hoje, cerca de 30 famílias da região cultivam suas lavouras organicamente, comercializando alimentos certificados no Rio de Janeiro e em Petrópolis. Entre seus clientes mais célebres está o respeitado *chef* francês Claude Troisgros, que adquire no Brejal alimentos para compor o menu de seus restaurantes.

No início da década de 1980, ao mesmo tempo em que a Coonatura incentivava o fortalecimento do grupo do Brejal, também se fortalecia outro grupo pioneiro de produtores fluminenses, não muito longe dali. Inconformados com a degradação dos solos e a poluição da água pelo uso de agrotóxicos, alguns profissionais ligados às ciências agrárias decidiram pôr a mão na massa e se tornar agricultores orgânicos, tendo escolhido os municípios de Nova Friburgo e Teresópolis para cultivar seus produtos. Eles foram apelidados de "novos rurais": produtores com um perfil originariamente urbano, que decidem se dedicar ao trabalho no campo. A maioria advinha de famílias de posse, muitos chegando a ter formação universitária. Instalaram-se em sítios e passaram a produzir legumes e verduras, introduzindo na região o manejo agroecológico. Buscando um mercado especializado para seus produtos, criaram, em 1984, a primeira feira de alimentos orgânicos do Brasil, em Nova Friburgo. No ano seguinte, o mesmo grupo fundou a Associação dos Agricultores Biológicos do Estado do Rio de Janeiro (ABIO), a primeira associação de agricultores orgânicos do país.

Quanto à Coonatura, ela também cresceu bastante ao longo dos anos, até que chegou a contar com 2.500 associados e quatro pontos de venda na capital fluminense, além das entregas domiciliares. Paralelamente, os sócios organizavam atividades, palestras e reuniões, sempre com o intuito de fortalecer a rede estabelecida entre produtores e consumidores, e com a proposta de divulgar os princípios que motivavam essa rede. Entre as ações mais memoráveis da cooperativa, muitos recordam a manifestação antinuclear realizada no Aterro do Flamengo, em 1980, batizada de Conclave do Sol. A cantora pop norte-americana Joan Baez, que partilhava do mesmo ideário nutrido pelos ambientalistas brasileiros, havia sido convidada para dar um show durante o evento, mas foi impedida de cantar pela repressão policial da ditadura militar.

O fim da Coonatura, no início do século XXI, foi um resultado de vários fatores. O volume comercial cresceu de tal forma que se tornou difícil para os sócios manter um empreendimento de tal porte. Ainda assim, a cooperativa deixou uma herança notável: em 1994, ela fundou, junto à ABIO, a Feira Orgânica e Cultural da Glória – a primeira feira de orgânicos da cidade do Rio de Janeiro, que recebe atualmente uma média de 500 visitantes por dia.

A Feira Orgânica e Cultural da Glória foi criada por iniciativa da Coonatura, uma cooperativa pioneira formada por consumidores cariocas.

O apoio da Academia e do Poder Público

Durante os anos 1970, João Carlos Ávila fez um curso na Alemanha sobre as técnicas de Rudolf Steiner, um assunto ainda desconhecido no Brasil. Alguns alunos da Universidade Federal Rural do Rio de Janeiro estavam ansiosos para escutá-lo falar de sua experiência. Mas a importância dedicada na universidade à agricultura de caráter orgânico era tão irrisória que a reitoria nem sequer se preocupou em disponibilizar uma sala para o palestrante. Hoje, João Carlos Ávila é reconhecido como um dos maiores especialistas brasileiros em agricultura biodinâmica.

O professor Antônio Carlos de Souza Abboud, atual diretor do Instituto de Agronomia da Universidade Rural, era aluno de graduação na mesma universidade naquela época. Assim como ele, havia um grupo de universitários descontentes: "A nossa insatisfação era com o uso excessivo de máquinas e agroquímicos, com a destruição sistemática do meio ambiente, com a pouca atenção dedicada às pessoas envolvidas em trabalhos agrícolas... era uma insatisfação global", explica Abboud. E acrescenta que, naquele momento, "a ecologia não era um tema da moda, como é hoje. Mas já estava começando a haver denúncias sobre o desmatamento da Amazônia, por exemplo".

A fim de amadurecer suas críticas sobre o modelo agrícola vigente, os estudantes organizavam eventos e convidavam palestrantes para falar sobre temas que seus professores normalmente não abordavam. "Pouquíssimos professores

Fundada em 1985, a ABIO foi a primeira associação de agricultores orgânicos do Brasil. Atualmente, uma de suas principais funções é certificar alimentos produzidos organicamente, a fim de assegurar sua qualidade.

UMA REDE ESTRATÉGICA PARA A AGROECOLOGIA FLUMINENSE

Durante a década de 1990, foram criados vários organismos governamentais e não governamentais dispostos a apoiar a agricultura orgânica no Rio de Janeiro. Uma das iniciativas mais importantes nesse sentido foi a formação da Rede Agroecologia Rio, em 1998. A Rede é composta por sete instituições que procuram atuar de modo integrado e utilizando metodologias participativas, com o intuito de gerar, validar e propagar tecnologias agroecológicas, além de apoiar a certificação e a comercialização de orgânicos.

REDE AGROECOLOGIA RIO

ABIO
Associação dos Agricultores Biológicos do Estado do Rio de Janeiro

ONG certificadora de produtos orgânicos – a primeira criada no país, em 1985.

Além de produtores, também certifica comerciantes e processadores.

AS–PTA
Assessoria e Serviços a Projetos em Agricultura Alternativa

ONG que apoia projetos e produz conhecimentos relativos à agroecologia, à agricultura familiar e ao desenvolvimento sustentável.

Agrinatura
Agrinatura Alimentos Naturais Ltda.

Empresa comercializadora de produtos orgânicos certificados, *in natura* ou processados.

Emater-Rio
Empresa de Assistência Técnica e Extensão Rural do Estado do Rio de Janeiro

Empresa estatal responsável pela extensão rural e assistência técnica a agricultores, que conta com uma gerência de agroecologia.

Pesagro-Rio*
Empresa de Pesquisa Agropecuária do Estado do Rio de Janeiro

Empresa estatal de pesquisa direcionada para o desenvolvimento rural fluminense, que conta com uma linha de pesquisa voltada para a agricultura familiar e sustentável.

Embrapa Agrobiologia*
Empresa Brasileira de Pesquisa Agropecuária / Centro Nacional de Pesquisa de Agrobiologia – CNPAB

Empresa federal de pesquisa que coordena a Rede Agroecologia Rio e conta com um centro de pesquisa em agroecologia.

Seus principais focos de pesquisa são a agricultura orgânica e o processo de fixação biológica de nitrogênio.

UFRRJ*
Universidade Federal Rural do Rio de Janeiro

Universidade federal que promove o ensino e a pesquisa em agropecuária, oferecendo uma Pós-Graduação em Agricultura Orgânica com especialização em Agroecologia.

*Essas três instituições são responsáveis pela manutenção do Sistema Integrado de Práticas Agroecológicas (SIPA), uma das principais referências nacionais no campo da pesquisa em agroecologia.

se juntaram a nós", recorda Abboud, "até porque, por seguirmos esta linha alternativa, nós éramos discriminados pelos professores e pelos próprios alunos". Por outro lado, havia um rico intercâmbio desse grupo de universitários com alguns produtores orgânicos, especialmente os "novos rurais" da região serrana.

Pouco a pouco, os estudantes começaram a estabelecer contato com profissionais de outros países, que já mantinham experiências exitosas no campo da agricultura orgânica. Alguns desses profissionais aceitaram o convite de dar palestras pelo Brasil afora. E, paulatinamente, o movimento em favor da agricultura orgânica foi saindo da marginalidade e conquistando respeito no meio acadêmico.

Em 1984, aconteceu em Petrópolis o II Encontro Brasileiro de Agricultura Alternativa, com a presença de grandes nomes dos movimentos ecológicos que já se esboçavam no país – como o famoso ativista José Lutzenberger, que veio a ser ministro do Meio Ambiente, anos depois. O encontro reuniu um público recorde para eventos desse tipo: foram mais de 1.800 participantes, entre técnicos, produtores, pesquisadores e autoridades públicas. Na ocasião, teve início, oficialmente, o incentivo à agricultura orgânica por parte das administrações municipal e estadual. Com a assinatura da Carta de Petrópolis, 21 secretários de Agricultura assumiram o compromisso de desenvolver ações públicas de fomento a essa modalidade agrícola.

Situação atual

No Rio de Janeiro, existem hoje 190 associados à ABIO. Considerando-se que, em 1999, esse número era de 60, é fácil perceber que a quantidade de agricultores a adotar o manejo orgânico no estado triplicou durante a década de 2000.

No mercado de orgânicos fluminense, predomina o cultivo de verduras e legumes, seguido pela fruticultura. Nos últimos anos, tem havido um esforço pela diversificação dos produtos, sobretudo entre os grupos de agricultores organizados.

De acordo com a socióloga Cristina Ribeiro, da ABIO, muitos dados relativos à agricultura orgânica no estado ainda precisam ser pesquisados. Mas já se sabe que são poucos os agricultores de grande porte. A maior parte da produção se realiza em pequenos sítios, onde se oferece como uma nova oportunidade de rentabilidade. No entanto, a carência de assistência técnica ainda é um empecilho para o desenvolvimento dessas unidades produtivas, devido à escassez de técnicos especializados na área.

🐾 UM OLHAR ESPECIAL SOBRE A BACIA HIDROGRÁFICA DO RIO GUANDU

É amplamente reconhecido o papel precursor dos produtores da região serrana na história da agricultura orgânica no Rio de Janeiro. Além de agricultores familiares, ali se estabeleceram também processadores ou produtores de maior porte, que já conquistaram renome inclusive em supermercados dos bairros nobres da capital. É o caso do sítio do Moinho, em Petrópolis, e da fazenda Vale das Palmeiras, em Teresópolis. Esta última tem atraído bastante visibilidade para a agricultura orgânica, em virtude de seu proprietário famoso, o ator Marcos Palmeira, da Rede Globo.

Evidentemente, é interessante que o número de produtores e processadores de orgânicos, em geral, aumente cada vez mais, pois ainda são minoritários se comparados aos convencionais. Não obstante, há que se dedicar uma atenção especial aos agricultores que ainda necessitam de apoio para se estabelecer no mercado, ao contrário daqueles que já se encontram em situação confortável. Nesse sentido, um passo importante no momento atual seria detectar práticas agroecológicas incipientes, dotadas de um potencial de desenvolvimento significativo.

Algumas práticas com esse perfil podem ser encontradas numa parte do território fluminense que se estende da cidade do Rio de Janeiro a alguns municípios a sul e sudoeste, banhados pelas águas do rio Guandu. A área de abrangência da bacia hidrográfica desse rio abarca localidades que tiveram um passado de exitosa produção agrícola, mas agora assistem à preponderância de outras atividades econômicas. Os poucos agricultores familiares que ainda resistem na região, em sua maioria, não têm seu trabalho valorizado nem sequer pelos próprios filhos, que preferem tentar a vida em empregos incertos na cidade a seguir a carreira dos pais no campo. Nesse contexto, a adoção do manejo orgânico surge como um ato de reconhecimento e resgate da agricultura familiar, transmitida de pai para filho, ao mesmo tempo em que oferece ao agricultor a chance de se dirigir a um novo nicho de mercado, agregando valor a sua produção.

Herança histórica

Desde os primórdios da colonização brasileira, a região atualmente designada como bacia hidrográfica do rio Guandu mereceu a atenção dos portugueses por sua vocação agrícola. A seguir, recuperamos uma parte da história das principais

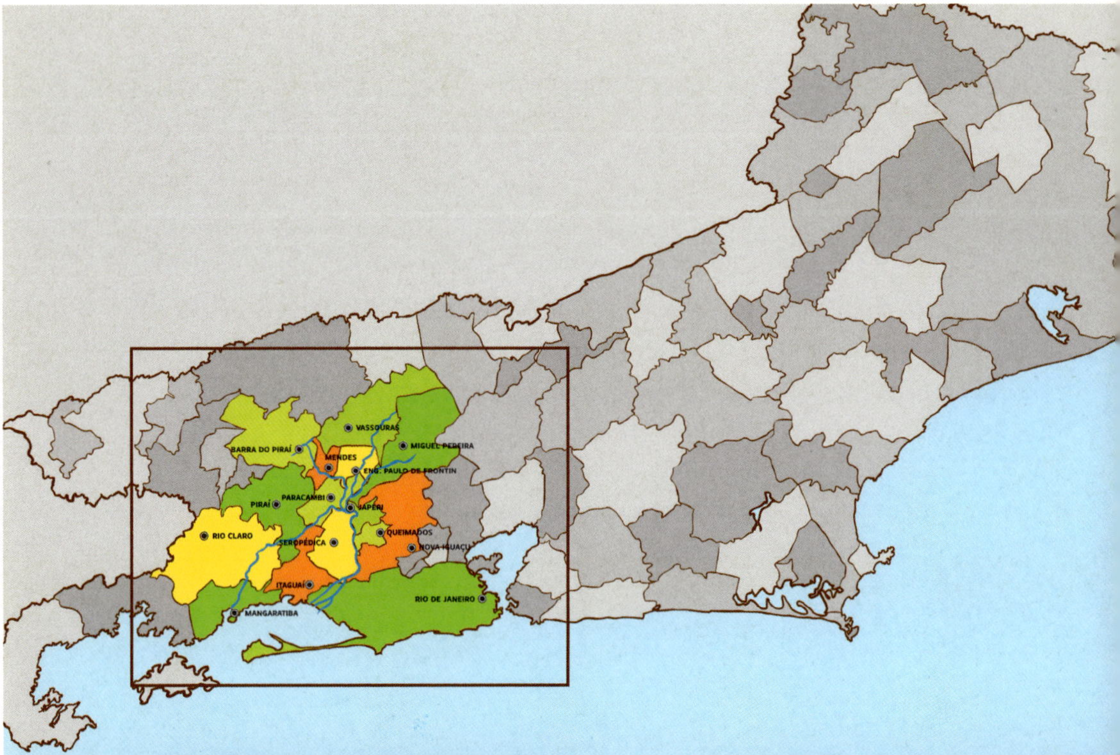

VASSOURAS
BARRA DO PIRAÍ
MIGUEL PEREIRA
MENDES
ENG. PAULO DE FRONTIN
PIRAÍ
PARACAMBI
JAPERI
RIO CLARO
QUEIMADOS
SEROPÉDICA
NOVA IGUAÇU
ITAGUAÍ
RIO DE JANEIRO
MANGARATIBA

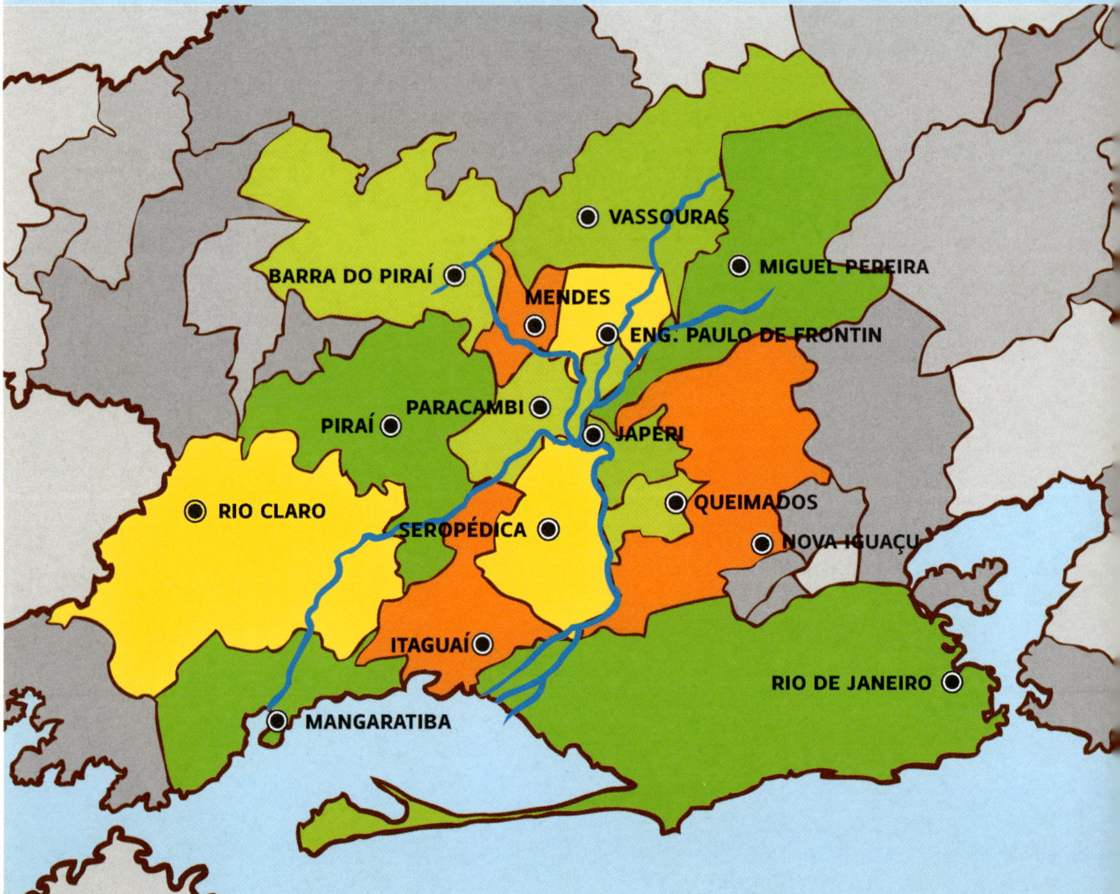

VASSOURAS
BARRA DO PIRAÍ
MIGUEL PEREIRA
MENDES
ENG. PAULO DE FRONTIN
PARACAMBI
PIRAÍ
JAPERI
RIO CLARO
QUEIMADOS
SEROPÉDICA
NOVA IGUAÇU
ITAGUAÍ
RIO DE JANEIRO
MANGARATIBA

S.O.S. GUANDU

O rio Guandu desempenha um papel crucial para o Rio de Janeiro, pois fornece 80% da água consumida em toda a sua região metropolitana. É formado pela junção do Ribeirão das Lages e dos rios Piraí e Paraíba do Sul, percorrendo diversos municípios até desaguar na baía de Sepetiba. Originalmente era um rio de pequeno porte, mas em meados do século XX passou a receber a transposição das águas do rio Paraíba do Sul, tornando-se mais caudaloso.

Embora passe por uma grandiosa estação de tratamento de água, em Nova Iguaçu, o Guandu enfrenta problemas ambientais que comprometem a qualidade de suas águas. A poluição provocada por esgotos domésticos e dejetos industriais se agrava quando outros rios, ainda mais poluídos, deságuam no Guandu – como é o caso do rio dos Poços, em Queimados. Outro problema ambiental expressivo decorre da extração de areia do leito ou das margens, promovendo o assoreamento do rio e uma consequente diminuição da vazão de água. Esta atividade tende a aumentar a incidência de enchentes e a concentração de poluentes no Guandu, dificultando o trabalho de tratamento das águas.

A fim de estimular a preservação do rio, a Secretaria de Estado do Ambiente lançou, em 2007, o projeto de criação do Parque Fluvial do Rio Guandu. Além da construção de ciclovias e áreas de lazer, foi previsto o plantio de um milhão de mudas de espécies da Mata Atlântica numa área de 72 mil hectares, que inclui 11 municípios da bacia do Guandu – Rio de Janeiro, Nova Iguaçu, Japeri, Queimados, Miguel Pereira, Engenheiro Paulo de Frontin, Vassouras, Paracambi, Rio Claro, Seropédica e Itaguaí. O projeto conta com a mão de obra de detentos em regimes aberto ou semiaberto do sistema penitenciário do estado, que terão suas penas reduzidas e serão capacitados como agentes de reflorestamento.

atividades rurais empreendidas em vários pontos dessa região. Trata-se de uma história marcada pela tradição rural, envolvendo diferentes formas de produção agropecuária.

› A próspera Fazenda de Santa Cruz

O território onde se situa hoje o bairro carioca de Santa Cruz viu surgir uma gloriosa fazenda colonial, cujas origens remontam a meados do século XVI. Nessa época, o local abrigava um engenho de açúcar pertencente ao fidalgo Cristóvão Monteiro. Após sua morte, as terras foram doadas a padres jesuítas, que instalaram ali um latifúndio aproveitando a posse de terrenos vizinhos. Devido à presença de uma enorme cruz de madeira, sustentada por um pilar de granito, o lugar foi batizado de Santa Cruz, tornando-se a sede da fazenda mais próspera da capitania do Rio de Janeiro.

Durante o século XVII, as terras da Fazenda de Santa Cruz já se estendiam da atual zona oeste da capital fluminense até os territórios correspondentes aos municípios de Itaguaí e Vassouras. Nessa vasta extensão de terra, plantava-se uma ampla variedade de culturas, graças à mão de obra de milhares de escravos e à adoção de técnicas então consideradas bastante avançadas. Estima-se que o número de cabeças de gado da fazenda chegou a 13 mil, distribuídas em 22 currais. No local, foram construídos um convento e algumas igrejas cuidadosamente ornamentadas.

A expulsão dos jesuítas do Brasil, em 1759, deixou a propriedade sob os cuidados de vice-reis, até a transferência da corte portuguesa para o Rio de Janeiro, meio século depois. Desde então, realizaram-se reformas no intuito de transformar a fazenda em casa de veraneio da família real, convertendo o antigo convento jesuíta no Palácio Real de Santa Cruz. Rebatizado de Real Fazenda de Santa Cruz, o local acolheu longas estadias do Príncipe Regente de Portugal e de seu herdeiro, Dom Pedro, ainda menino. Uma das medidas adotadas então por Dom João VI foi providenciar a mão de obra de aproximadamente cem trabalhadores chineses para introduzir o cultivo de chá na região – uma empreitada muito bem-sucedida, que culminou na produção e comercialização de um chá de excelente qualidade. Também nesse período, ocorreu a fundação da Vila de São Francisco Xavier de Itaguaí, em 1818.

Durante o reinado de Dom Pedro I, o nome oficial da propriedade mudou para Fazenda Imperial de Santa Cruz, assim como o palácio passou a ser chamado de Palácio Imperial de Santa Cruz. Dom Pedro II, por sua vez, inaugurou o Matadouro de Santa Cruz, que, no final do século XIX, abastecia de carne praticamente toda a cidade do Rio de Janeiro. E esses foram os últimos eventos marcantes dos tempos áureos da Fazenda de Santa Cruz: após a proclamação da República, em 1889, o local foi perdendo seu prestígio.

A fim de promover uma revalorização das terras locais, Getúlio Vargas fomentou a criação de colônias agrícolas, ao longo da década de 1930, atraindo para a região uma quantidade considerável de famílias japonesas. Paulatina-

Durante o século XVIII, quando as águas do Guandu atravessavam as comportas da Ponte dos Jesuítas, aproveitava-se a fertilidade das margens do rio para o plantio de arroz

mente, os lotes do novo núcleo colonial foram ocupados por imigrantes dispostos a trabalhar. E em poucos meses eles obtiveram resultados tão satisfatórios que a região logo foi apelidada de celeiro do Distrito Federal.

Na segunda metade do século XX, o rápido processo de urbanização e industrialização relegou a segundo plano as atividades agropecuárias empreendidas na região. Entretanto, ainda hoje, Santa Cruz abriga colônias agrícolas que mantêm pequenos rebanhos bovinos e produzem frutas, legumes e raízes.

> **Resistência do manejo de caráter orgânico em Campo Grande**
No século XVIII, enquanto Santa Cruz já vivia um processo de ocupação bastante significativo, ainda era escasso o povoamento no território correspondente ao bairro de Campo Grande. No entanto, há relatos de que, nesse mesmo

A PONTE DO GUANDU

Em 1752, os jesuítas concluíram a construção de uma ponte-represa que fazia parte de um complexo sistema de drenagem, irrigação e barragem das águas do rio Guandu. A Ponte do Guandu, também conhecida como Ponte dos Jesuítas, era dotada de comportas que podiam ser manejadas a fim de se regular o volume das águas, especialmente em períodos de chuvas intensas. Uma vez drenado o excesso de água, os padres aproveitavam a fertilidade das terras ribeirinhas para o plantio de arroz.

Entre os adornos barrocos acrescidos à ponte, sobressai o brasão lateral que exibe a sigla característica da Companhia de Jesus (IHS), além da inscrição em latim: *Flecte genu tanto sub nomine flecte viator. Hic etiam reflua flectitur amnis acqua.* ("Dobra o teu joelho diante de tão grande nome, viajante. Porque também aqui, refluindo às águas, se dobra o rio.")

Na qualidade de patrimônio histórico, artístico e arquitetônico, a ponte foi tombada pelo Iphan na década de 1930. Embora se encontrem em estado praticamente inalterado desde o século XVIII, os arcos por onde atravessavam as águas do Guandu já não servem mais de passagem para o rio, devido a obras que desviaram seu curso no século XX.

---

século, a produção de café no estado teve início nesse local, e dali se espalhou para o Vale do Paraíba.

Diante da crise da cafeicultura, deflagrada no final do século XIX, a alternativa encontrada pelos produtores foi investir na citricultura. Durante a primeira metade do século XX, Campo Grande era chamada de "Citrolândia", em virtude de sua vasta produção de laranjas. Ainda hoje, a região se caracteriza pelo cultivo de frutas, mas investe também em outros produtos, como o aipim, a batata-doce e o chuchu.

A partir da década de 1960, Campo Grande teve um destino semelhante ao de Santa Cruz: a instalação de grandes empresas no bairro provocou um rápido desenvolvimento do setor industrial, cujas atividades passaram a se sobrepor às práticas agrícolas. Não obstante, um número considerável de agricultores familiares ainda resiste. Mantendo uma tradição agrícola secular, livre do uso de agroquímicos, alguns produtores de Campo Grande se uniram para formar a Associação de Produtores Orgânicos Rio da Prata. Os carros-chefes da Associação são o caqui e a banana, sendo esta última frequentemente comercializada sob a forma de banana-passa.

› Vassouras, a "princesinha do café"

Fundado em 1833, o município de Vassouras deve seu nome a um arbusto abundante na região, utilizado na fabricação de vassouras. Mas na década de 1850, a cidade recebeu o apelido de "princesinha do café". Ela ocupava então o posto de maior produtora de café do mundo, exportando grande parte de sua produção e superando os índices de São Paulo e Minas Gerais. E ostentava uma vida social agitada, com a proliferação de palacetes, hotéis, estabelecimentos comerciais e culturais. Alguns fazendeiros, interessados em refinar sua educação e em se aproximar dos membros da corte, conseguiram adquirir

UM BURRICO QUE VALE POR UM CARRO

Há alguns séculos, os bananais que se estendem do bairro carioca de Campo Grande até o município de Mangaratiba são cultivados, em sua maioria, sem a utilização de qualquer insumo artificial. Não por acaso, a palavra *mangaratiba* é um vocábulo tupi que significa "lugar onde há muitos corações de bananeira" (*mangará*: coração de bananeira / *tyba*: lugar onde existe algo em abundância).

Em vários pontos dessa região, o cultivo é feito no alto dos montes, em locais íngremes e inacessíveis a veículos motorizados. Para transportar e vender a colheita – não só de banana, mas de outras culturas também –, os agricultores recorrem à força animal. Os burros treinados para suportar a subida e a descida, carregando um grande peso no lombo, são tão competentes e obedientes que muitos produtores se recusariam a vender um desses ajudantes por menos do que algumas dezenas de milhares de reais. Nesses casos, um burrico chega a valer o preço de um carro novo, com a vantagem ecológica de não emitir o mesmo volume de gases poluentes.

títulos de nobreza. A despeito da riqueza acumulada, o mau uso do solo afetou rapidamente a cafeicultura local, levando os barões do café à decadência, já no final do século XIX.

No momento atual, quase metade da área municipal é dedicada à prática da pecuária. Ainda assim, há agricultores familiares que subsistem a duras penas. Alguns programas de estímulo à agricultura sustentável fornecem apoio a esses produtores. Chegou ao município, por exemplo, um projeto de desenvolvimento da piscicultura, financiado pelo Ministério do Desenvolvimento Social e de Combate à Fome. Voltada para agricultores carentes de recursos e em condição de vulnerabilidade social, a iniciativa conta com a parceria da Emater-Rio na construção de tanques para viveiros, que podem ajudar a compor uma alimentação mais rica em proteínas e a gerar renda para o agricultor com a comercialização do excedente. Além de Vassouras, o projeto beneficia 18 municípios do sul fluminense, entre os quais seis também se situam na bacia hidrográfica do rio Guandu – Engenheiro Paulo de Frontin, Piraí, Barra do Piraí, Paracambi e Japeri.

GUANDU, A LEGUMINOSA

Guandu é o nome de um rio, mas também de uma leguminosa que, coincidência ou não, pode desempenhar uma função de extrema relevância dentro de um sistema agroecológico.

Trazido da África, o guandu é capaz de evoluir muito bem em condições adversas, adaptando-se a climas quentes e secos e a solos de baixa fertilidade. Seus grãos têm o sabor agradável ao paladar humano: quando verdes, podem substituir ervilhas; quando secos, podem substituir o feijão, ou ainda alimentar aves domésticas. As folhas também têm utilidade: servem como forragem para a alimentação do gado.

Cientificamente chamado de *Cajanus cajan*, o guandu pode atuar ainda como uma cultura de adubação verde, pois suas raízes favorecem a fixação do nitrogênio atmosférico. Além de nutrir o solo, as raízes mais profundas são capazes de descompactá-lo, aprimorando suas condições físicas.

› O legado dos imigrantes em Itaguaí

Ao longo do século XIX, Itaguaí se desenvolveu de modo significativo no tocante à produção agrícola, tornando-se o maior produtor brasileiro de banana, goiaba, laranja, milho e quiabo.

Inicialmente, as lavouras eram cultivadas pela mão de obra escrava, que depois foi substituída pela mão de obra estrangeira – de alemães e, principalmente, de japoneses. Estes últimos ainda permanecem no município, formando uma das maiores colônias nipônicas do estado.

Desde os anos 1960, Itaguaí se mantém em constante crescimento industrial. A recente construção de um grande porto no município reforça essa tendência. Entretanto, lado a lado com o desenvolvimento econômico, a cidade convive com sérios problemas ambientais.

Apesar da adoção de técnicas agroecológicas isoladas por parte de alguns agricultores itaguaienses – como a adubação verde, por exemplo –, o manejo convencional ainda predomina no local. Por outro lado, os municípios de Paracambi e Seropédica (antigos distritos de Itaguaí, emancipados em 1960 e 1995, respectivamente) já contam com a presença de pequenos produtores orgânicos certificados.

› Resgate da agricultura familiar em Seropédica

Seropédica abrigou a primeira fábrica de tecidos de seda do Brasil. O nome da localidade, escolhido em 1875 e derivado do termo *sericultura*, é uma referência à Fazenda Seropédica do Bananal de Itaguaí. O dono da fazenda, Luiz de Resende, ganhou fama pela fabricação artesanal de sedas no estilo chinês. Em sua propriedade, realizavam-se todas as etapas da produção: da criação do bicho-da-seda, alimentado por folhas de amoreiras, passando pela formação dos casulos e chegando à tecelagem em máquinas rústicas de tratamento manual. Há registros de que a fazenda chegou a acumular aproximadamente 1,5 milhão de casulos, o que deixa evidente seu papel de destaque na época.

O município é marcado por uma forte tradição rural, o que justificou a instalação da UFRRJ no local, em 1947. Ao lado da universidade, a Pesagro-Rio e a Embrapa Agrobiologia são outras instituições presentes na cidade, que se distinguem pelo apoio à agricultura orgânica.

Nos anos 1980, foram estabelecidos em Seropédica alguns assentamentos de reforma agrária, que constituem hoje um núcleo significativo de produção de orgânicos.

Um potencial esperando para ser desenvolvido

Com base no histórico apresentado, retomando um passado de atividades rurais bem-sucedidas, percebe-se que a bacia hidrográfica do rio Guandu tem um notável potencial de desenvolvimento agroecológico.

Os agricultores familiares que ainda resistem na região poderiam se beneficiar economicamente com a conversão para o manejo orgânico, o que também contribuiria para mitigar os numerosos problemas ambientais denunciados.

A proximidade da capital fluminense é uma vantagem adicional, tendo em vista que a maior parte dos mercados consumidores de orgânicos se concentra nas cidades grandes.

Ademais, a presença de instituições de pesquisa em agroecologia – especialmente em Seropédica – tende a favorecer a difusão de técnicas orgânicas entre os produtores locais.

No capítulo seguinte, serão abordadas iniciativas que apostam no caráter promissor desses fatores favoráveis ao avanço da agricultura orgânica na região.

4. REDES SOCIAIS E EXPERIÊNCIAS SUSTENTÁVEIS

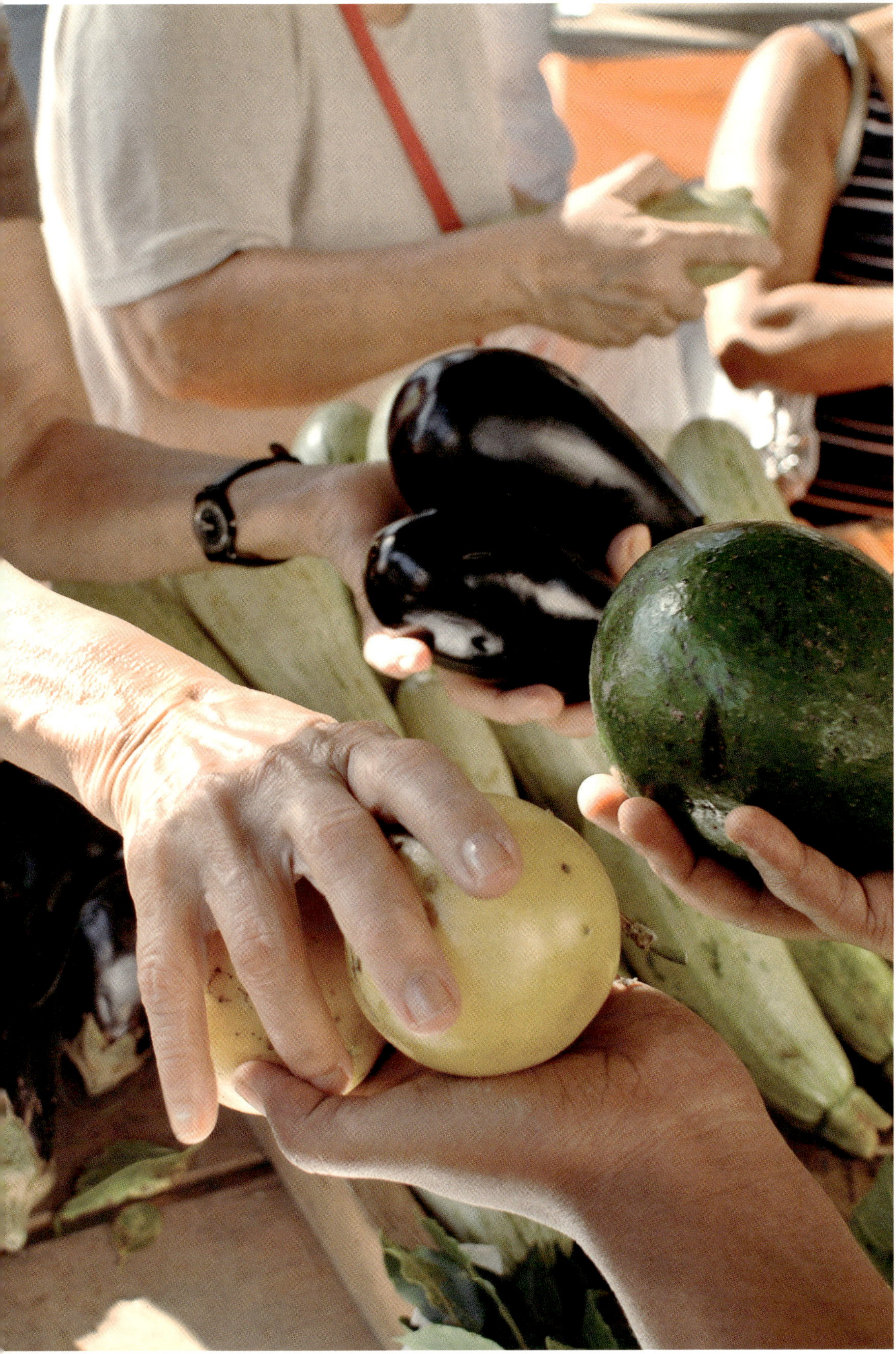

UMA REDE INVÍSIVEL

Até aqui, este livro procurou mostrar que o manejo orgânico é o mais adequado ao desenvolvimento sustentável de pequenas e médias unidades produtivas brasileiras, gerando renda para o agricultor e preservando o meio ambiente.

Para que esses objetivos sejam atingidos, é necessária a articulação de uma rede social envolvendo diversos atores e etapas – uma rede que, em grande parte, costuma ser invisível para o consumidor final.

A seguir, daremos visibilidade a um conjunto de experiências agroecológicas articuladas em rede e empreendidas em diferentes municípios da bacia hidrográfica do rio Guandu. Cada ator e cada etapa serão abordados separadamente, mas é preciso ter em mente que, na prática, todos atuam de forma complementar e interdependente.

PRODUÇÃO

Assentado em Seropédica desde 1986, o agricultor João Pimenta está colhendo bons frutos desde que se rendeu à agricultura orgânica. Antes disso, ele havia enfrentado várias situações em que simplesmente não conseguia vender sua produção. A Central de Abastecimento do Estado, a CEASA, era quem julgava se lhe interessava ou não comprar os produtos. E caso lhe interessasse, era ela quem definia o preço a ser pago por eles. "Um dia, a gente conseguia vender tudo; no outro dia, não vendia nada", confessa João.

Filhos, netos, bisnetos de agricultores, os Pimenta nem se lembram há quanto tempo praticam a agricultura familiar. As técnicas de cultivo, muitas delas empiricamente orgânicas, foram transmitidas de geração a geração. Contudo, alguns venenos eram eventualmente utilizados na lavoura, ainda que em pequena escala.

Certo dia, a família recebeu uma visita de Miriam Langenbach, educadora ambiental e fundadora da Rede Ecológica – um grupo de consumidores que organiza compras coletivas de produtos orgânicos. Miriam sugeriu a adoção de um manejo agroecológico na propriedade dos Pimenta. E assegurou que os alimentos organicamente produzidos no sítio teriam compradores garantidos na cidade do Rio de Janeiro.

O aipim é o carro-chefe da produção orgânica no sítio de João Pimenta.

Daniel Pimenta e Maria do Rosário dos Santos consideram vantajosa a conversão para o manejo orgânico.

Os Pimenta aceitaram a proposta e suspenderam completamente o uso de agroquímicos na lavoura. Atualmente, eles cultivam legumes, verduras e frutas, além de criar gado e galinhas, sem usar qualquer insumo artificial. Entre as estratégias agroecológicas adotadas, o minhocário é a favorita de João. "Este aqui é o meu tesouro", orgulha-se ele, ao manusear as minhocas engajadas na produção de húmus. O processo de vermicompostagem é realizado a partir do estrume do gado criado no local.

Daniel Pimenta, o pai de João, garante que a conversão trouxe grandes benefícios, porque os produtos orgânicos têm um maior valor agregado e geram um retorno financeiro mais satisfatório. Para evitar desperdícios, a mãe de João, Maria do Rosário, aprendeu a reservar as polpas de várias frutas (maracujá, acerola, manga etc.) e depois vendê-las já processadas.

Convencido de que a agricultura orgânica é, de fato, uma atividade mais rentável, além de social e ambientalmente responsável, João começou a convocar seus vizinhos agricultores para se unirem a ele nessa empreitada. Com o apoio da Rede Ecológica e da ABIO, foi fundado, em fevereiro de 2009, o grupo Ser Orgânico, que hoje agrega cerca de 15 produtores de Seropédica, alguns já certificados, outros em processo de certificação.

O grupo se reúne regularmente para programar sua produção, organizando a oferta e a demanda de produtos. Nesses encontros, também se discutem temas relativos à higienização dos alimentos e à certificação dos produtores, entre outros pontos de interesse comum. Fortalecidos pela união, os agricultores gerenciam com maior facilidade suas estratégias de comercialização.

Os principais clientes do Ser Orgânico estão na capital fluminense. Além de frequentarem diversas feiras semanais, eles vendem seus produtos para a Rede Ecológica, para lojas de produtos naturais e para alguns restaurantes orgânicos como o Celeiro, no Leblon, e o Metamorfose, no Centro. Parte da produção também é distribuída para um quiosque no centro de Seropédica e para o restaurante Erva Doce, situado no interior da Universidade Rural. No momento atual, o grupo está em fase de negociação para fornecer alimentos a duas grandes empresas francesas do ramo hoteleiro: o Club Med Rio das Pedras, em Mangaratiba, e a Rede Accor, uma das maiores redes de hotéis do mundo, com várias filiais no estado do Rio de Janeiro (Sofitel, Mercure, Formule 1 etc.).

Apesar do inegável potencial de crescimento, o Ser Orgânico ainda enfrenta obstáculos consideráveis. Na falta de um caminhão ou de uma kombi, os alimentos são transportados no veículo particular de João. E desde que a procura por seus produtos aumentou, os agricultores começaram a ter dificuldades para ampliar a produção.

Iraci Félix e Leon Ribeiro, também assentados em Seropédica desde a década de 1980, afirmam que se sentem sobrecarregados. "A demanda se multiplicou, mas nós continuamos trabalhando sob as mesmas condições", desabafa Iraci. Outros problemas levantados foram a precariedade das estradas e escolas locais e a carência de mão de obra qualificada para apoiar a família no trabalho.

De modo geral, Leon se ocupa do gado e Iraci, da lavoura. Apaixonada por temperos, plantas aromáticas e medicinais, ela utiliza uma cobertura morta para manter a umidade do solo em sua horta perfumada. E usa também o recurso da compostagem vegetal, feita com folhas de milho, cana, aipim e outros produtos cultivados no sítio. Ciente de que o beneficiamento tende a agregar valor aos alimentos, Iraci

Iraci Félix e Leon Ribeiro sentem dificuldades em atender à demanda crescente por orgânicos produzidos em seu sítio.

A criação de caprinos é uma ótima opção para quem pretende diversificar a produção. Mas é preciso estar atento: os produtos de origem animal exigem cuidados redobrados para que sejam certificados como orgânicos.

planeja substituir a venda de suas pimentas *in natura* pela venda do molho de pimenta já pronto.

Assim como Seropédica, Paracambi também abriga pequenas e médias unidades de produção orgânica, onde podem ser encontrados inclusive produtores com o perfil de "novos rurais". Ainda que a maioria se conheça, não existe uma organização entre eles que se assemelhe à dos agricultores familiares do Ser Orgânico. Por outro lado, merece destaque a proatividade de certos produtores de Paracambi na busca por diversificar sua oferta de produtos e serviços.

O professor Ricardo Albieri, por exemplo, sempre procurou manter atividades variadas na Fazenda Terra Verde, que herdou do avô. Na década de 1970, quando era estudante da Universidade Rural, deu início à produção de alimentos orgânicos no local. Hoje, como diretor do colégio técnico da mesma universidade (CTUR), quer mostrar aos alunos que existe uma ampla gama de possibilidades de atuação para o profissional do campo. Já investiu no eco-

A produção de laticínios sem insumos químicos é a principal atividade da Fazenda Terra Verde. No local se realizam todas as etapas do processo, desde a criação das cabras até a embalagem do produto final.

No Sítio Alvorada, a qualidade orgânica da cachaça Paracambicana é garantida pelo cultivo da cana-de-açúcar sem agroquímicos.

turismo, instalando uma pousada dentro da fazenda. Em seguida, especializou esse investimento apostando no ecoturismo de aventura: providenciou a infraestrutura necessária para oferecer um serviço de *rafting*, num percurso de 12 km pelas corredeiras do Ribeirão das Lages. Alguns animais selvagens – como macacos, capivaras e tatus – circulam livremente pela propriedade, onde são plantadas e preservadas árvores nativas. A fazenda abriga a criação de coelhos e galinhas, mas a principal atividade é a criação de caprinos, somando cerca de 30 cabeças.

Embora a certificação de alimentos orgânicos de origem animal seja particularmente criteriosa, Ricardo criou condições para oferecer produtos de qualidade, recebendo o selo da ABIO no leite, no iogurte e em queijos de diversos tipos – Bursin, Pecorino, Gorgonzola, curados, meio-curados, temperados com pimenta etc. O produtor faz questão de manter em dia o calendário de vacinação das cabras, além de tratá-las somente com homeopatia.

Para a produção dos laticínios, o leite é colhido na própria unidade e processado sob estritas condições de higiene. De acordo com as normas que regulamentam o processamento, o trabalhador deve usar vestimenta apropriada, incluindo touca e jaleco, e esterilizar todos os instrumentos que entram em contato com os alimentos. Uma vez preparados, os produtos são embalados e conservados em temperatura adequada. Parte deles é vendida na própria fazenda e outra parte levada a pontos de venda, como a Unidade Didática de Pesquisa e Comercialização, no CTUR, em Seropédica.

Outro exemplo de unidade produtiva que aposta no beneficiamento, em Paracambi, é o sítio Alvorada, onde se mantém uma produção artesanal de cachaça orgânica. A bebida tem como matéria-prima a cana-de-açúcar plantada na propriedade, totalmente livre de queimadas e insumos artificiais. O cultivo se dá num sistema de rotação, com plantações em diferentes pontos do sítio, alternadas com ao menos uma porção de terra em pousio. Desse modo, a colheita é garantida durante o ano todo. Depois de extraído o sumo da cana a ser destilado, reutiliza-se o bagaço no canavial como cobertura morta. Eventualmente, o sítio recebe a visita de turistas interessados em comprar a cachaça Paracambicana, certificada pela ABIO. O proprietário, Geraldo Hilton de Souza, também vende o produto a estabelecimentos comerciais da região.

➡ CERTIFICAÇÃO

Os mecanismos de certificação funcionam como uma garantia de qualidade para o consumidor. No Brasil, existem diversas instituições certificadoras, que concedem seu selo aos agricultores que cumprem as normas estabelecidas para a produção. Em geral, o acesso ao crédito só é permitido a produtores certificados.

Conforme o Decreto n. 6.323, de 27.12.2007, que regulamenta a Lei n. 10.831, de 23.12.2003, diferentes mecanismos de garantia integram o Sistema Brasileiro de Conformidade Orgânica (SISORG) do Ministério da Agricultura, Pecuária e Abastecimento (MAPA).

A *Certificação por Auditoria* é o mecanismo mais antigo, envolvendo inspeções à unidade produtiva, realizadas por um auditor técnico, credenciado por uma instituição ligada ao MAPA.

Os *Sistemas Participativos de Garantia de Qualidade* (SPG), por sua vez, são um mecanismo não apenas novo, como também inovador: criado no Brasil, ele prevê um processo democrático de certificação participativa, viabilizado por uma comissão composta de atores sociais interessados na sustentabilidade da agricultura orgânica. Entre esses atores, deve haver um representante de um Organismo Participativo de Avaliação da Conformidade (OPAC), pessoa jurídica que assume a responsabilidade formal pelas atividades da comissão. Além disso, consumidores e outros produtores também costumam participar das visitas às unidades em processo de certificação.

Aplicado inicialmente pela Rede Ecovida de Agroecologia, no sul do país, o SPG é adotado pela ABIO desde 2007. Segundo Cristina Ribeiro, da associação, o mecanismo contribui para ampliar o acesso dos agricultores orgânicos à assistência técnica. Isso porque, depois da visita, é comum haver uma reunião onde são discutidos os pontos que precisam de melhorias na propriedade avaliada. E a presença de outros produtores nessa reunião possibilita uma rica troca de saberes e experiências. Nesse contexto, o técnico assume antes o papel de facilitador das trocas de conhecimento entre os agricultores do que o de alguém que pretende levar o conhecimento até eles. Ademais, as avaliações vão muito além do objetivo de identificar as não conformidades: ajuda-se o produtor a buscar soluções para cada uma delas, aperfeiçoando seu sistema produtivo.

Antes do advento do SPG, quando a certificação por auditoria era a única opção disponível, o pequeno produtor dificilmente conseguia arcar com os custosos

A Rede Ecovida de Agroecologia foi o primeiro grupo organizado a adotar o sistema de certificação participativa.

procedimentos de inspeção, centrados apenas no objetivo de avaliar a obediência ou desobediência às normas. Trazendo uma solução para esse impasse, o SPG propõe medidas de inclusão desse produtor, auxiliando-o a encontrar os meios apropriados para certificar sua produção. A presença de outros produtores ajuda-o a não se sentir acuado ou prejudicado pela necessidade de avaliar seus produtos. Diante de qualquer irregularidade detectada, ele não é simplesmente punido, mas recebe o apoio dos colegas, que lhe ensinam de que maneira ele poderá corrigir tal problema. A presença de consumidores também acrescenta uma importante vantagem à comissão, ao estimular a relação de confiança, que os compradores precisam ter, na qualidade dos alimentos orgânicos que consomem. Ao visitarem o sítio do produtor, vendo com os próprios olhos qual é a origem dos produtos que chegarão às suas mesas, os consumidores se sentem mais seguros e mais inclinados a consumi-los. Finalmente, a presença de um especialista na comissão é o que garante o rigor técnico da avaliação, um fator que não pode ser deixado de lado numa inspeção que procura assegurar as condições básicas necessárias para a produção de alimentos. Durante a inspeção, a comissão verifica uma vasta lista de itens e elabora um relatório que servirá de fundamento para a certificação ou para a orientação a fim de atender as exigências ainda não cumpridas.

Recentemente, o Ministério da Saúde se uniu ao MAPA na promulgação da Instrução Normativa Conjunta n. 18, de 28.05.2009. Ainda pouco conhecido por grande parte dos interessados no assunto, o documento especifica, por exemplo, como deve ser feito o controle de pragas durante o processamento, armazenamento e transporte de orgânicos. Define também de que modo as instalações e os equipamentos empregados no processamento precisam ser higienizados, entre outros pontos fundamentais para a segurança alimentar dos produtos.

COMERCIALIZAÇÃO

Considerando-se o mercado interno de orgânicos, as possibilidades de comercialização podem ser dividas em dois grupos: as *vendas no atacado*, que envolvem a entrega de produtos a distribuidoras ou redes de supermercados, e as *vendas no varejo*, que incluem a venda direta, a venda em feiras e as entregas a organizações de compras coletivas, restaurantes, lanchonetes e lojas de produtos naturais.

Na década de 1990, como consequência da ECO 92, alguns donos de supermercados brasileiros perceberam que a venda de produtos orgânicos já se configurava como uma tendência emergente na Europa, e decidiram adotá-la também. De acordo com dados da ABIO, entre 1997 e 2007, aproximadamente, o principal canal de escoamento de orgânicos no Rio de Janeiro eram os supermercados. Porém, a longo prazo, somente os grandes produtores conseguiram corresponder ao padrão requerido por clientes tão exigentes, que esperam dos produtores orgânicos o mesmo volume de produção mantido pelos convencionais. As distribuidoras, de modo semelhante, tendem a estabelecer determinações que poucos produtores orgânicos são capazes de cumprir. Se determinado produto está em falta, ou não cresceu o suficiente, ou não tem a aparência esperada, é comum que o produtor arque com o prejuízo contratual. As contingências envolvidas na produção de alimentos (tempestades, secas, calor ou frio excessivo), que escapam especialmente ao controle do produtor que se recusa a utilizar agroquímicos, não costumam ser levadas em consideração por supermercados ou distribuidoras. Ademais, uma vez que esses intermediários entram em cena, o preço final a ser pago pelo consumidor tende a ser muito alto, devido aos acréscimos cobrados por eles.

Por todos esses motivos, nos últimos anos, as vendas no varejo têm se configurado como uma melhor opção para a maioria dos produtores orgânicos fluminenses.

PRINCIPAIS MEIOS DE COMERCIALIZAÇÃO DE ORGÂNICOS NO RIO DE JANEIRO

Feiras

Oferecem a vantagem de colocar produtor e consumidor frente a frente, permitindo que o preço final dos produtos seja mais barato para o consumidor, sem que isso afete a margem de lucro do produtor.

Apresentam a vantagem adicional de se constituírem como espaços formadores de opinião, onde o consumidor pode se informar melhor sobre a importância e as características da agricultura orgânica.

Compras coletivas

Também oferecem as vantagens de eliminar o atravessador, barateando o preço final, e de contribuir para a conscientização do consumidor, embora o encontro entre ele e o produtor ocorra mais raramente.

Diferentemente das feiras, onde o agricultor fica exposto à flutuação de público e geralmente volta para casa com sobras, as compras coletivas permitem um aproveitamento total dos alimentos disponibilizados pelo produtor. Os pedidos são feitos com antecedência, de modo que o produtor colhe na véspera somente aquilo que os consumidores se comprometeram a comprar.

Lojas e restaurantes

Alguns restaurantes de alimentos orgânicos e lojas de produtos naturais são clientes fixos de produtos agroecológicos.

Contudo, se esses locais são distantes entre si, a distribuição se torna cara e desvantajosa, a não ser que o volume e a frequência de compras sejam grandes o suficiente para compensar os gastos.

Venda direta

Sobretudo no caso de produtores ainda não certificados, em função de suas dificuldades para se inserir em feiras e outros espaços de comercialização, ainda é comum a venda direta ao consumidor que vive na vizinhança ou que comparece à unidade produtiva em busca de produtos orgânicos.

A seguir, abordaremos as duas modalidades de vendas que mais se destacam no estado do Rio de Janeiro: as feiras e as compras coletivas.

Feiras

A feira livre é uma importante instituição cultural brasileira, que se fez presente na história da agricultura orgânica no Brasil e no Rio de Janeiro desde seus primórdios, com a inauguração da feira de Nova Friburgo, em 1984. Hoje, o estado conta com um número considerável de feiras orgânicas, distribuídas por diversos municípios.

PRINCIPAIS FEIRAS ORGÂNICAS NO RIO DE JANEIRO

FEIRA	LOCAL	DIA E HORA
Feira Orgânica e Cultural da Glória	Praça do Russel, 300 Glória – Rio de Janeiro, RJ	Sábado, das 7h às 13h
Feira Orgânica de Campo Grande	Rua Marechal Dantas Barreto, 95 Campo Grande – Rio de Janeiro, RJ	Sábado, das 7h às 13h
Feira Orgânica do Itanhangá	Estrada da Barra da Tijuca, 2010 Itanhangá – Rio de Janeiro, RJ	Domingo, das 8h às 16h
Feira Orgânica do Flamengo*	Esquina entre a rua São Salvador e a rua Marquês de Abrantes Flamengo – Rio de Janeiro, RJ	Terça-feira, das 7h às 14h
Feira Orgânica de Botafogo*	Rua Muniz Barreto, 448 Botafogo – Rio de Janeiro, RJ	Sábado, das 7h às 14h
Feira Orgânica do Catete*	Esquina entre a rua do Catete e a rua Silveira Martins Catete – Rio de Janeiro, RJ	Quinta-feira, das 7h às 14h

Feira do Horto do Fonseca	Alameda São Boaventura, 770 Fonseca – Niterói, RJ	Terça-feira, das 7h às 13h
Feira do Campo de São Bento	Campo de São Bento Icaraí – Niterói, RJ	Quinta-feira, das 7h às 13h
Feira Ponto Org	Rua Ministro Otávio Kelly, 231 Jardim Icaraí – Niterói, RJ	Sábado, das 8h às 13h
Feirinha Orgânica de Petrópolis	Praça da Confluência, 3 Centro – Petrópolis, RJ	Sábado, das 8h às 13h
Feira de Teresópolis	Esquina entre a rua Tenente Luiz Meirelles e a rua Fritz Weber Centro – Teresópolis, RJ	Quarta-feira e sábado, das 9h às 12h
Feira Orgânica do Cônego	Praça do Cônego / GPH Cônego – Nova Friburgo, RJ	Sábado, das 7h às 12h
Feira Orgânica da APOV	Praça Paulo de Frontin / Mercado Municipal de Valença Centro – Valença, RJ	Domingo, das 6h às 13h
Feirinha Agroecológica da UENF	Av. Alberto Lamego, 2000 Parque Califórnia Campos dos Goytacazes, RJ	Terça-feira, das 8h às 13h

Em 2010, o *Circuito Carioca de Feiras Orgânicas* inaugurou, na capital fluminense, novas feiras em Ipanema e no Bairro Peixoto. A primeira etapa do projeto, centrada na zona sul da cidade, vai abarcar ainda os bairros do Leblon, Jardim Botânico e Gávea. Numa segunda etapa, serão inauguradas feiras também em bairros da zona norte e da zona oeste. O projeto resultou de uma parceria entre a ABIO e a Secretaria de Desenvolvimento Econômico Solidário (SEDES) da prefeitura.

*Feiras temporárias, cuja continuidade depende de renovação da licença concedida.

Há mais de uma década, a simpática Feirinha da Glória promove um encontro semanal entre produtores e consumidores, que resulta vantajoso para ambos.

Criada pela Coonatura, em parceria com a ABIO, a Feira Orgânica e Cultural da Glória é o mais tradicional ponto de venda de alimentos orgânicos na capital fluminense. Fundada em 16 de outubro (Dia Mundial da Alimentação) de 1994, ela era inicialmente chamada de Feira Cultural e Ecológica. O local escolhido para abrigá-la, na rua do Russel, havia sido utilizado pela organização da ECO 92, de modo que a feira é considerada uma bela herança que a conferência deixou para a cidade.

Desde sua fundação, o objetivo maior da feira é possibilitar o acesso do consumidor a alimentos de alto valor biológico e isentos de resíduos tóxicos. O espaço abriga também eventos culturais (palestras, oficinas, lançamentos de livros etc.), em geral vinculados à proposta de difundir informações sobre agroecologia, alimentação natural e cultura alternativa. Atualmente, a feira é composta de 14 produtores fluminenses, todos certificados, e proporciona trabalho direto para mais de 80 famílias.

A Feirinha da Glória já é uma referência na paisagem da cidade. No entanto, o coordenador Renato Martelleto afirma que os produtores ainda enfrentam muitos problemas para expor seus produtos. "Os produtores do Brejal, por exemplo, chegam a gastar cerca de R$ 150 somente com pedágio e combustível para chegarem até a feira", explica ele. "Além disso, o produtor está sempre sujeito a perdas, especialmente no caso das folhas, o que é evitado somente se ele tiver um caminhão refrigerado."

Engajado na tarefa de cativar novos consumidores, Renato idealiza uma estratégia diferenciada de comercialização: o cadastramento de moradores interessados em consumir orgânicos, com descontos de 10% a 20%, nos prédios do entorno da feira. "Esse modelo seria perfeito para grandes condomínios e empresas, mas requer organização e gerenciamento", afirma. Na sua opinião, as necessidades básicas do pequeno produtor são a assistência técnica para que ele possa produzir, a logística para que ele possa transportar a produção e a disponibilidade de espaços onde ele possa comercializá-la.

O coordenador comenta também que existe, por lei, um limite máximo no número de feiras livres permitidas na cidade. Por isso, defende que a Câmara dos Vereadores aprove uma brecha na lei para os orgânicos, que carecem de mais espaços de comercialização. Ele reconhece, porém, que se trata de um assunto delicado, pois uma medida desse tipo tenderia a provocar o descontentamento de feirantes convencionais. Afinal, com a proliferação de feiras orgânicas, a tendência é que esses feirantes percam boa parte de seus clientes. "O ideal seria convencê-los a se juntar a nós, ou seja, convencê-los a produzir alimentos orgânicos também", sugere Renato.

Compras coletivas

Assim como as feiras, as compras coletivas, empreendidas por grupos de consumidores como a Coonatura, no Rio de Janeiro, e a Coolmeia, no Rio Grande do Sul, participaram da história da agricultura orgânica brasileira desde seus primórdios. Devido a problemas internos, entretanto, esses dois grupos se dissolveram quase ao mesmo tempo, no início do século XXI. No lugar deles, surgiram novas organizações que procuraram assumir o papel de articular a demanda e a oferta de orgânicos. Na capital gaúcha, nasceu a Cooperativa GiraSol, e na capital fluminense, a Rede Ecológica.

Na fundação da Rede, Miriam Langenbach contou com a parceria de Beth Linhares, antropóloga que fazia pesquisa de campo num assentamento em Trajano de Moraes, ao norte do estado. As duas tomaram a iniciativa de ir até o local para buscar a última colheita de Sebastiana, uma assentada que produzia vários alimentos sem veneno, mas não tinha meios de escoá-los. De volta ao Rio, toda a quantidade trazida de aipim, palmito e tangerina foi rapidamente vendida na própria rua onde as duas moravam, a rua São Sebastião. "Foi assim que o Sebastião se uniu à Sebastiana", brinca Miriam. E foi assim que surgiu a Rede Ecológica, em 2001.

O primeiro núcleo a se formar foi o da Urca, no espaço cedido por uma escola infantil situada própria rua São Sebastião. Com o apoio da ABIO, a Rede criou laços com agricultores de Nova Friburgo. E foram se multiplicando os contatos com produtores, de um lado, e consumidores, do outro. Hoje, são nove núcleos espalhados pelos bairros de Botafogo, Humaitá, Urca, Santa Teresa, Vila Isabel, Freguesia e Recreio, e municípios de Niterói e Seropédica.

A Rede Ecológica é uma organização informal e descentralizada, onde cada cestante atua como cidadão disposto a apoiar a agricultura orgânica sustentada por pequenos agricultores. A internet é utilizada como uma ferramenta de comunicação preciosa, pela qual é possível divulgar os produtos oferecidos por cada produtor naquela semana e registrar os pedidos de cada consumidor, além de fazer circular informações sobre agricultura, ecologia, consumo e outros temas de interesse para o grupo. No dia da entrega, os núcleos reúnem os pedidos

O mutirão da Rede Ecológica envolve o trabalho voluntário dos cestantes, que não se limitam a consumir orgânicos, mas participam ativamente do processo de distribuição dos produtos.

previamente solicitados por seus respectivos membros, de modo que o produtor envia apenas o que lhe foi demandado, evitando sobras.

Todo esse processo é facilitado pelo trabalho voluntário dos consumidores, que participam de mutirões e comissões variadas. Segundo Miriam, é fundamental que o consumidor entenda a importância do papel do agricultor orgânico, para poder apoiá-lo: "Ele limpa a terra, recria as condições para que ela se recupere, cuida da nossa saúde…"

Assim como busca sensibilizar o consumidor para que assuma uma postura ativa, a Rede também vai aos sítios de agricultores para convidá-los a produzir e fornecer produtos orgânicos – como fez com João Pimenta e Iraci Félix. Na condição de consumidores, representantes da Rede compõem as comissões do SPG que certificam os agricultores junto à ABIO; promovem visitas de consumidores aos sítios de produtores; organizam oficinas, seminários, campanhas, eventos culturais e ações políticas em favor da agricultura familiar e orgânica; atuam, enfim, no intuito de fomentar o consumo ético, solidário e ecológico, mantendo atividades que vão muito além da viabilização das compras coletivas.

A adesão dos consumidores à Rede Ecológica tem crescido tanto que o grupo começa a debater a possibilidade de limitar a entrada de novos membros nos núcleos já saturados. "É imprescindível que a Rede mantenha uma dimensão humana, que o tamanho dela permita que as pessoas se vejam, interajam e construam esse processo coletivamente", explica Miriam. Por outro lado, alguns participantes já estão se mobilizando a fim de criar estratégias para divulgar e multiplicar a metodologia de trabalho da Rede.

Na opinião de Miriam, as compras coletivas apresentam uma vantagem em relação às feiras, ao permitirem um processo mais sólido de conscientização do consumidor. Por outro lado, ela reconhece que a feira é um espaço privilegiado de encontro entre produtores e consumidores. "Na verdade", arrisca, "as feiras e as compras coletivas são dois formatos complementares. Ter uma âncora na feira, com vários espaços de consumidores espalhados ao redor dela – este é um binômio que pode dar muito certo."

PESQUISA E ENSINO

As instituições de pesquisa são indispensáveis para o desenvolvimento da agricultura orgânica no Brasil. Primeiro, por um motivo prático: a pesquisa fornece subsídios ao produtor que está disposto a abrir mão dos defensivos agrícolas, mas não sabe como fazê-lo. E segundo, por um motivo estratégico: uma vez que a agricultura orgânica ainda é minoritária no país, o investimento em pesquisa seria uma maneira de incentivar sua proliferação.

Na região da bacia hidrográfica do rio Guandu, mais especificamente no município de Seropédica, localiza-se um dos principais centros brasileiros de pesquisa em ciências agrárias, a UFRRJ. No laboratório do Instituto de Agronomia da universidade, realizam-se estudos sobre a fixação de nutrientes no solo, que têm importantes implicações para as práticas agroecológicas. Considerando-se que a maior parte dos agricultores brasileiros ainda utiliza adubos derivados de recursos não renováveis, as pesquisas na área podem fundamentar o desenvolvimento de técnicas orgânicas substitutivas.

Para o diretor do instituto, o professor Antônio Carlos de Souza Abboud, "precisamos usar os princípios agroecológicos junto com as técnicas atuais, porque temos seis bilhões de pessoas no planeta, e ainda há previsão de que essa população dobre nos próximos anos". Neste sentido, as tecnologias desenvolvidas pelos centros de pesquisa devem buscar responder às necessidades cotidianas do agricultor. Dito de outra maneira, é preciso que o agricultor

No laboratório do Instituto de Agronomia da UFRRJ, pesquisadores realizam estudos que poderão favorecer o desenvolvimento futuro da agricultura orgânica.

seja capaz de se apropriar dessas tecnologias, de modo a incorporá-las ao seu saber empírico, aprimorando-o.

Um dos principais centros de pesquisa a realizar esse trabalho no Brasil, segundo Abboud, é o Sistema Integrado de Produção Agroecológica (SIPA), que acolhe estagiários e pesquisadores da Universidade Rural, interessados em realizar experimentos e verificar a validade de suas teses. Carinhosamente apelidado de Fazendinha Agroecológica km 47, o local funciona como vitrine de técnicas orgânicas que podem ser adotadas pelo pequeno ou médio produtor em seu próprio sistema agroecológico. Situada em Seropédica, a Fazendinha é fruto de uma parceria entre a Universidade Rural, a Embrapa Agrobiologia e a Pesagro-Rio. O tipo de solo predominante na área cultivada é considerado precário, de baixa aptidão agrícola, o que desafia os pesquisadores a desenvolver tecnologias que rendam os melhores resultados sob as piores condições. Nos 70 hectares disponíveis para o cultivo, são desenvolvidas técnicas de adubação, irrigação, controle de pragas e manejo de mu-

No Colégio Técnico da Universidade Rural, os alunos entram em contato com os preceitos agroecológicos na teoria e na prática.

das, entre outras. O sucesso da empreitada atrai a atenção de muita gente: são mais de 2.000 visitantes por ano, entre brasileiros e estrangeiros.

Abboud comenta também que a Fazendinha recebeu recursos do Governo Federal para investir no Centro de Formação em Agroecologia e Agricultura Orgânica (CFAAO), inaugurando, em 2010, o primeiro curso de Mestrado Profissional em Agricultura Orgânica do Brasil.

No Colégio Técnico da Universidade Rural, a habilitação em Agropecuária Orgânica, oferecida aos alunos desde 2001, foi convertida recentemente na habilitação em Agroecologia. Atendendo a exigências federais, o CTUR se esforça para adequar suas atividades didáticas aos preceitos agroecológicos. Nessa transição, vários projetos pedagógicos estão em andamento e outros estão prestes a ser viabilizados. Um desses projetos, que visava adequar uma área brejosa para o cultivo agroecológico, contou com a participação dos alunos em todas as etapas. De acordo com o professor Luiz Carlos Estrella Sarmento, realizou-se inicialmente um trabalho de drenagem da área, possibilitando que algumas culturas já fossem plantadas com sucesso. Nesse trabalho, foram utilizados bambus para desempenhar a mesma função normalmente desempenhada por tubos de PVC. Num segundo momento, realizou-se um processo de adubação verde da terra, por meio do plantio de feijão-de-porco, uma leguminosa propícia à fixação de nutrientes no solo. O próximo passo será plantar novas culturas nesse solo já adubado. E a expectativa é que a produção deste ano supere a do ano passado.

Outro projeto que se pretende realizar em breve é a construção de um cata-vento de 12 metros de altura, a fim de retirar água do poço para alimentar o sistema de irrigação. A utilização de uma fonte renovável de energia, o vento, é mais uma das práticas agroecológicas que o colégio tem buscado transmitir aos seus alunos.

Fundado em 1943, o CTUR já passou por diversas transformações. Antigo Instituto de Agronomia da universidade, foi transferido nos anos 1980 para a atual localização, em Seropédica, onde detém 60 hectares de terra para a realização das atividades práticas com os alunos. Entre essas atividades, incluem-se o manejo de hortas e a criação de animais.

Hoje, o colégio está em franco crescimento. Cerca de 2.000 candidatos disputam aproximadamente 200 vagas por ano. Todos os cursos têm um foco ambiental e na agricultura familiar. Existem salas de aula tradicionais, mas o trabalho de campo recebe um acento especial. Na casa de vegetação, as aulas teóricas ao quadro-negro se revezam com as aulas práticas de produção de mudas. As mesmas mudas, depois de atingirem um certo tamanho, são transportadas para o viveiro, para serem postas à venda na Unidade Didática de Pesquisa e Comercialização, situada à entrada do CTUR. O local abriga estagiários da escola e funciona como ponto de venda de plantas ornamentais e alimentos orgânicos produzidos pelos alunos, professores e produtores cadastrados. Conforme explica o professor Estrella, na unidade, "o aluno completa o ciclo de saberes transmitidos pela escola, que parte da teoria, viabiliza a produção e termina com a comercialização".

O CTUR também abre suas portas para estagiários de graduação e pesquisadores de pós-graduação da Universidade Rural. O professor Josué Lopes de Castro, por exemplo, é doutorando de Ciências Veterinárias na universidade e desenvolve uma pesquisa sobre a chamada mosca doméstica. O inseto é capaz de transmitir diferentes tipos de bactéria, podendo contaminar o leite de uma cabra pelo simples ato de pousar sobre sua teta. A fim de combater esse animal indesejado, o produtor pode contar com o auxílio de um bem-vindo predador: a galinha d'angola. Josué acompanha o trabalho dessas caçadoras naturais, controlando a população de moscas com armadilhas estrategicamente posicionadas. Ele já percebeu que uma só galinha é capaz de devorar milhares de larvas. E concluiu que o combate agroecológico à mosca doméstica é mais eficiente do que o combate químico, que a longo prazo tende a tornar as moscas resistentes.

Apesar dos grandes avanços realizados pelos centros de pesquisa em agroecologia, nem sempre essas tecnologias chegam, na prática, às unidades produtivas. Vários especialistas situam a carência de assistência técnica entre os principais problemas ainda enfrentados pela maioria dos produtores orgânicos fluminenses.

➤ APOIO

No estado do Rio de Janeiro, diversas iniciativas de apoio à agricultura orgânica têm sido fomentadas pelo Poder Público, enquanto outras são resultado de parcerias engendradas por empresas e instituições.

Desde 1999, o Banco do Brasil deu início a um plano de financiamento para a agricultura orgânica, com recursos do Programa Nacional de Fortalecimento da Agricultura Familiar (Pronaf) e do Programa de Geração de Emprego e Renda (Proger). Nesse mesmo ano, foi criado o Ministério do Desenvolvimento Agrário (MDA), que se dedica principalmente à reforma agrária e ao desenvolvimento da agricultura familiar, através de projetos de fomento. Com isso, reservou-se ao Ministério da Agricultura, Pecuária e Abastecimento (MAPA) a função de implementar políticas para o desenvolvimento do agronegócio. Logo, os dois ministérios têm contribuído de maneiras diferentes à tarefa de impulsionar a agricultura orgânica.

O Governo Federal vem realizando também, a cada ano, a Semana de Alimentos Orgânicos, que teve sua sexta edição em 2010. O objetivo é estimular o consumo de orgânicos e divulgar seus benefícios ambientais, sociais e nutricionais.

Em 2009, o governo regulamentou a Lei da Alimentação Escolar (Lei n. 11.947/09), determinando que no mínimo 30% dos recursos federais para a alimentação escolar sejam destinados à compra de produtos oriundos da agricultura familiar. Esta é uma oportunidade que merece a atenção de grupos de agricultores familiares que produzem organicamente e procuram novas formas de escoar sua produção.

No Rio de Janeiro, a Secretaria do Estado de Agricultura, Pecuária, Pesca e Abastecimento (SEAPPA) lançou, em 2003, o programa Cultivar Orgânico. Tendo em vista que a agricultura familiar é o modelo predominante no estado, o programa se propõe a oferecer crédito, assistência técnica e outras vantagens aos agricultores familiares interessados em converter suas práticas agrícolas convencionais em orgânicas, ou àqueles que já atuam nessa atividade. O objetivo é ampliar a produção orgânica fluminense, além de gerar emprego e renda para o trabalhador rural. Recentemente, o Governo do estado criou também o programa Rio Rural, que visa à promoção do desenvolvimento sustentável em 250 microbacias hidrográficas de 59 municípios, abrangendo 3,3 milhões de hectares.

Várias ONGS também desempenham funções importantes em favor da agricultura orgânica no país e no estado. É o caso do Instituto São Fernando, em

Vassouras, que trabalha para articular parcerias público-privadas na área social. Entre as iniciativas mantidas pelo instituto, inclui-se o programa Orgânicos do Vale, que fornece todo o apoio necessário, do planejamento da produção à comercialização, aos produtores de Vassouras empenhados em produzir organicamente legumes, verduras, ovos e frangos. A ONG viabiliza também um projeto de restauração da Mata Atlântica, devastada pelo plantio extensivo de café durante o período colonial no município.

Assim como as ONGS, diferentes empresas sustentam ações de desenvolvimento sustentável ligadas à agricultura e inspiradas nos princípios internacionalmente acordados na Agenda 21. Uma ação exemplar, nesse sentido, é o projeto Agricultura Familiar em Faixa de Dutos, mantido pela Petrobras dentro de seu programa Fome Zero. O projeto é executado em municípios por onde passam tubulações subterrâneas que transportam combustível entre refinarias e terminais de distribuição. Os agricultores locais são orientados a produzir alimentos organicamente. Para isso, recebem qualificação profissional, uma quantidade específica de mudas, uma cesta básica mensal e um bônus financeiro no valor de R$ 100. O auxílio em dinheiro é retirado à medida que as famílias conseguem garantir seu sustento a partir da venda dos produtos em feiras. Alguns municípios da bacia hidrográfica do rio Guandu, como Paracambi e Nova Iguaçu, são contemplados pela iniciativa. O governo de Nova Iguaçu se comprometeu a comprar alimentos produzidos pelos agricultores do projeto, a fim de destiná-los à merenda escolar do ensino fundamental.

Outra medida crucial que uma empresa pode adotar, a fim de apoiar a agricultura orgânica, é promover a conscientização de seus empregados, ou da comunidade onde ela se insere, através de ações ecoeducativas. Situada no bairro de Santa Cruz, a Fábrica Carioca de Catalisadores (FCCSA) organiza caminhadas ecológicas, palestras, campanhas e programas específicos com esse objetivo. Desde 2000, a empresa mantém organicamente um horto florestal, produzindo milhares de mudas de espécies nativas da Mata Atlântica por ano. Parte da produção de hortaliças e mudas de espécies florestais e ornamentais do horto é aproveitada internamente, na alimentação dos funcionários e na jardinagem. Outra parte é doada para pessoas físicas, instituições privadas e entidades governamentais e não governamentais, com o intuito de contribuir para o reflorestamento do entorno da fábrica, a recuperação de áreas degradadas na região e a execução de projetos paisagísticos e de arborização em municípios próximos.

No horto da FCCSA, em Santa Cruz, milhares de mudas de espécies nativas da Mata Atlântica são produzidas por ano.

Somente no ano de 2008, o horto possibilitou a doação de mais de 15 mil mudas e recebeu mais de 600 visitantes, principalmente estudantes de escolas públicas, no contexto do programa de educação ambiental da empresa. O programa prevê que os visitantes conheçam técnicas de compostagem, manipulação de sementes, produção de mudas e cultivo de hortas, além de práticas de reaproveitamento utilizando o PET. Fora dos muros da organização, também são realizadas atividades de ecoeducação, como oficinas de reciclagem, produção orgânica e manutenção da vida dos solos. Em associação com empresas vizinhas, a FCCSA participou da criação pioneira de um polo industrial comprometido com o meio ambiente, o Ecopolo do Distrito Industrial de Santa Cruz.

Estes são exemplos de iniciativas capazes de romper com o estigma que opõe as atividades industriais à preservação ambiental, herdeiro de um passado em que a humanidade buscava o progresso a qualquer preço, ignorando os limites impostos pela natureza. O paradigma da sustentabilidade, nascido no final do século XX, aponta novos caminhos para o desenvolvimento econômico no século XXI.

5. DESAFIOS PARA O FUTURO

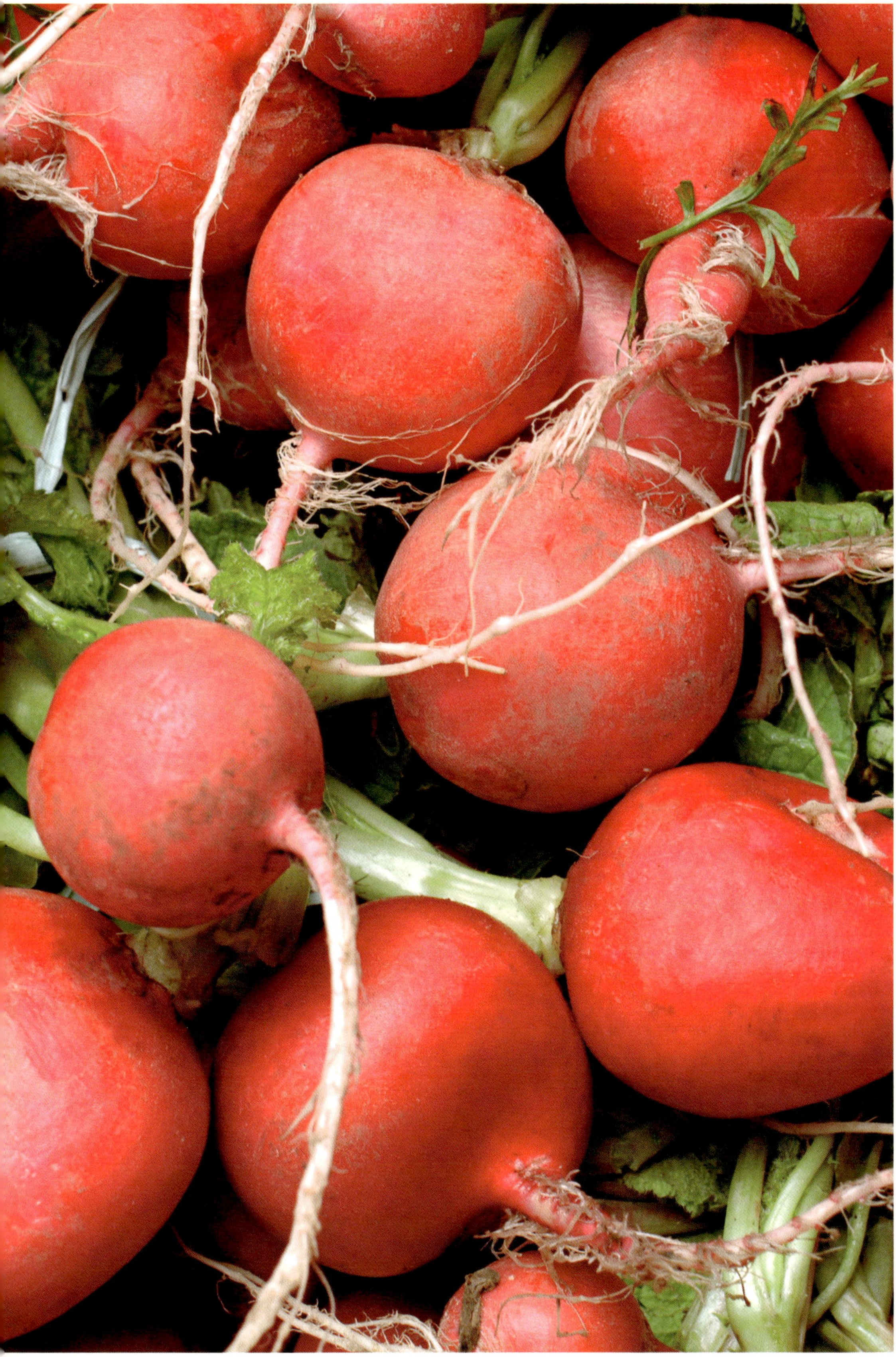

🌱 UMA RESPONSABILIDADE DE TODOS

No último capítulo deste livro, convém destacar algumas questões que ainda precisam ser amadurecidas pelos adeptos da agricultura orgânica. A solução para elas talvez dependa de uma resolução do Poder Público, ou de uma parceria criada por alguma instituição, ou da união entre os produtores, ou da posição ética de cada consumidor, ou – mais provavelmente – da cooperação entre esses diferentes atores sociais. De um modo ou de outro, é preciso que todos eles tenham a convicção de que consumir orgânicos é um ato de cidadania, que pode e deve ser multiplicado.

Assistência ao produtor

A conversão do manejo convencional para o orgânico implica um processo gradual que visa eliminar os resquícios de agroquímicos presentes na lavoura, dando tempo para que o solo se regenere e possibilite a produção de alimentos limpos.

Em geral, a fase de conversão é bastante delicada para o produtor, pois requer um período de aprendizado, no qual costumam ocorrer muitos erros e muitas perdas. Além disso, é preciso esperar – de um a três anos – até que o equilíbrio da produção se estabeleça definitivamente. Durante esse período, os produtos ainda não podem ser comercializados como orgânicos, porque tendem a apresentar resíduos de agrotóxicos.

Todos esses fatores levam alguns especialistas a sugerir que os agricultores sejam subsidiados ao longo do processo de conversão. Devido à sua complexidade, tal processo demanda também a assistência de técnicos experientes em produção orgânica.

Processamento e beneficiamento da produção

Representantes de supermercados que vendem produtos orgânicos garantem que existe uma demanda significativa, ainda não satisfeita, por produtos processados de origem orgânica, como iogurtes, geleias e papinhas para crianças. São cada vez mais numerosos os médicos que recomendam a alimentação orgânica a seus pacientes, especialmente no caso de crianças pequenas, que ainda contam com um sistema imunológico bastante frágil.

Outro ponto que merece ser aprimorado, no tocante ao beneficiamento dos produtos, é a utilização frequente de embalagens plásticas e de isopor, elaboradas a partir de recursos não renováveis. Uma vez descartadas, essas embalagens se acumulam na natureza como resíduos poluentes. Pesquisadores tentam desenvolver embalagens biodegradáveis, à base de recursos como a fécula de mandioca. No entanto, a maioria delas ainda é pouco resistente, além de ser vendida por preços bastante altos.

CUSTO DE PRODUÇÃO

Poderíamos nos perguntar se o custo da produção, na agricultura orgânica, seria mais alto do que na agricultura convencional, consistindo num fator responsável por encarecer o preço final dos produtos. Mas esse não parece ser o caso.

Segundo Paulo Aguinaga, o custo da produção orgânica tem uma curva de evolução contrária à do custo da produção convencional.

Numa situação de conversão para o manejo orgânico, o custo inicial é alto, mas tende a cair cada vez mais ao longo dos anos. No começo, gasta-se muito em mão de obra e matéria orgânica para fertilizar o solo, e como a colheita ainda não está estabilizada, perde-se muito. À medida que o tempo passa, porém, o solo vai se recuperando e passa a exigir cada vez menos recursos. A fertilidade aumenta, o que leva a produtividade a aumentar também, enquanto os gastos diminuem. Logo, o custo da produção orgânica seria representado por uma curva descendente.

Já no caso do manejo convencional, verifica-se a tendência contrária: o custo inicial é baixo, mas tende a subir ao longo dos anos. Isso porque, num primeiro momento, o solo ainda conserva grande parte de sua fertilidade. Porém, exposto continuamente aos agroquímicos, ele se enfraquece e começa a produzir plantas mais frágeis

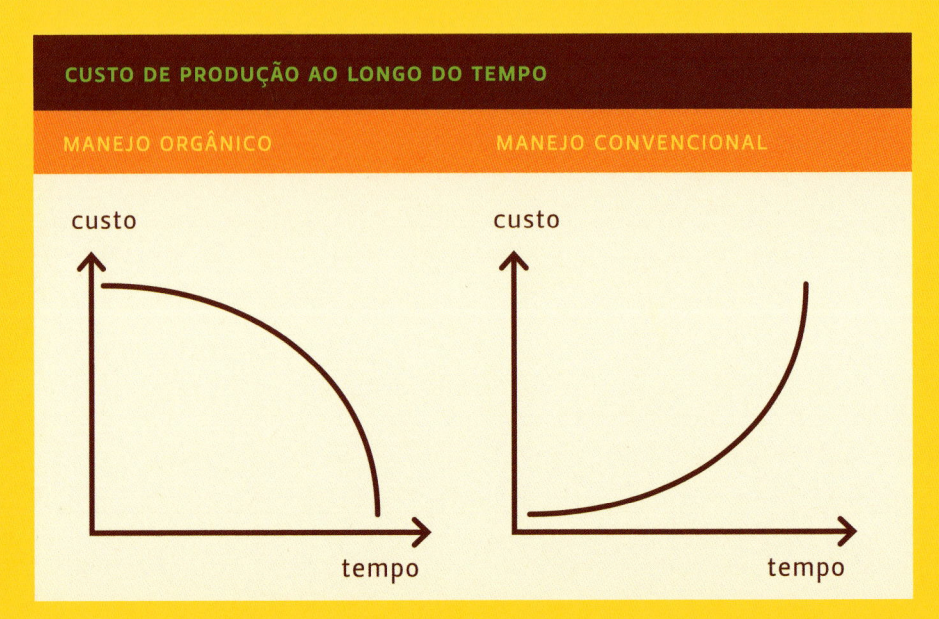

CUSTO DE PRODUÇÃO AO LONGO DO TEMPO

MANEJO ORGÂNICO — curva descendente (custo × tempo)

MANEJO CONVENCIONAL — curva ascendente (custo × tempo)

e suscetíveis a pragas e doenças. E a necessidade de recorrer a insumos cresce progressivamente, implicando em gastos cada vez maiores. Portanto, o custo da produção convencional seria representado por uma curva ascendente.

Tendo isso em vista, o custo de produção é um fator que poderá contribuir, a longo prazo, para que os produtos orgânicos cheguem ao consumidor por um preço competitivo com o dos convencionais. Na opinião de Paulo, o maior problema ainda é a logística: "Uma coisa é você transportar 500 caixas num caminhão, outra coisa é você transportar 100 caixas. O transporte é o mesmo, mas você dilui o preço por mais ou menos caixas."

Por outro lado, Paulo chama atenção para a existência de dois "custos invisíveis", ainda não calculados, que tornam os produtos convencionais muito mais custosos. O primeiro seria um *custo ambiental*, "da poluição dos lençóis freáticos, dos malefícios causados ao meio ambiente...". O segundo, um custo social, "porque, com os preços achatados, torna-se inviável para o produtor ter uma boa perspectiva de vida, e isso estimula o êxodo rural, o empobrecimento do campo e a saturação das cidades".

Entre os membros da Rede Ecológica, ocorre o reaproveitamento de embalagens: em vez de descartados, recipientes que comportam certos alimentos são guardados e depois devolvidos pelo consumidor.

Deselitização do consumo

Um dos maiores desafios atuais da agricultura orgânica é encontrar meios de reduzir o preço final dos produtos. As feiras e compras coletivas já avançaram bastante nesse sentido, mas os orgânicos ainda são encarados pelo senso comum como produtos caros e acessíveis apenas a uma elite.

Esse é um obstáculo significativo, visto que os altos preços afastam muitos consumidores, mas não deixa de ser um estímulo para alguns produtores, que se engajam na agricultura orgânica a fim de produzir alimentos com um maior valor agregado. Por outro lado, a produção de alimentos acessíveis somente a uma parcela privilegiada da população é incoerente à proposta de expansão do modelo agroecológico, que requer a democratização do acesso a alimentos de qualidade.

Vários autores se engajam atualmente numa discussão a respeito dos fatores que encarecem os orgânicos. Alguns argumentam que o uso de venenos gera uma

massa orgânica

maior produtividade por parte da agricultura convencional, de modo que, segundo a lei da oferta e da procura, os produtos convencionais tendem a ser mais abundantes e, portanto, mais baratos. De acordo com esse argumento, não são os orgânicos que custam mais, e sim os convencionais que custam menos.

Outros autores observam que a grande maioria dos agricultores orgânicos brasileiros pratica a agricultura familiar, que se caracteriza pela produção diversificada empreendida em pequenos sítios. Como se sabe, a produção em pequena escala torna mais onerosos os gastos com transporte e comercialização, o que acaba se refletindo no preço final.

É interessante notar que ambos os raciocínios dizem respeito a fatores antes econômicos do que efetivamente agronômicos ou técnicos.

Para Cristina Ribeiro, uma medida que talvez contribua para amenizar essa situação seria a abertura de um entreposto de produtos orgânicos – "uma espécie de CEASA orgânica", explica. No entanto, ainda é necessária a realização de um levantamento para averiguar se já existe um volume de comercialização no estado que justifique a criação desse dispositivo. Segundo ela, também se faz necessária uma pesquisa sobre a logística e a infraestrutura de que dispõem os agricultores fluminenses nas etapas de produção, distribuição e comercialização.

DESAFIOS PARA O FUTURO

Enquanto esses estudos não se realizam, Cristina conta que, quando percebe que um produto está sendo oferecido por um preço aparentemente exorbitante, a ABIO tenta dialogar com o agricultor: "Se um alimento está caro demais numa feira, por exemplo, procuramos conversar com o produtor e entender o porquê disso, com base nos preceitos do comércio justo."

Mudança de mentalidade

Outro grande obstáculo ao pleno desenvolvimento da agricultura orgânica é a hegemonia de certos valores de consumo que, principalmente nos centros urbanos, tendem a manter um abismo entre produtores e consumidores de alimentos.

Comer é um ato básico para a sobrevivência humana, perpassado por uma série de significados, sentimentos e ritos sociais que vão muito além da necessidade de nutrição. No frenético cotidiano das grandes cidades, o advento do supermercado, prático e confortável, seduz os consumidores a liquidarem rapidamente a tarefa de providenciar seus alimentos, ignorando o papel crucial das pessoas que trabalharam para que esses alimentos fossem plantados, cultivados, colhidos e transportados até os pontos de venda. Nesse sentido, o consumo de produtos orgânicos exige uma mudança de mentalidade por parte do consumidor, decorrente da percepção de toda a cadeia envolvida na produção desses alimentos, promovendo o cuidado com a natureza e a fixação do camponês no meio rural.

Nos últimos anos, vários países europeus, como a França, deram início a um movimento de incentivo ao consumo local, encorajando a compra de alimentos produzidos dentro de um determinado raio regional. Isso porque o transporte rodoviário de alimentos contribui para a emissão de gases poluentes, o que pode ser evitado pelas compras vicinais.

Esse tipo de mudança de mentalidade não passa apenas por uma decisão coletiva dos consumidores, mas também pela conscientização do próprio agricultor quanto ao valor do seu trabalho.

Iraci Félix, do Ser Orgânico, defende a importância de se estimular a autoestima do trabalhador rural. Embora participe ativamente dos afazeres no sítio, seu filho Daniel, de 17 anos, não se mostra motivado a seguir carreira no campo. A mãe acredita que isso se deve a uma depreciação do agricultor, disseminada de tal forma que, muitas vezes, ele mesmo não reconhece a relevância de seu papel social.

Os filhos do produtor Ricardo Albieri tampouco vislumbram seu futuro profissional no campo. Mas ele garante que os alunos do CTUR respondem muito bem às ideias agroecológicas. "O jovem costuma ser sensível às questões ambientais", justifica. "Não sabemos se eles vão continuar sustentando essas ideias quando adultos. Nosso trabalho é plantar uma sementinha e esperar que ela renda frutos no futuro."

PARA SABER MAIS

➥ CERTIFICAÇÃO

ABIO
Alameda São Boaventura, 770
Niterói, RJ – (21) 2625-6379
www.abio.org.br

➥ ASSISTÊNCIA TÉCNICA

EMATER-RIO
Alameda São Boaventura, 770
Niterói, RJ – (21) 2627-2568
www.emater.rj.gov.br

➥ PESQUISA

UFRRJ
Rodovia BR 465, Km 07
Seropédica, RJ
(21) 2682-1210 / (21) 2682-1220
www.ufrrj.br

EMBRAPA AGROBIOLOGIA
Rodovia BR 465, Km 07
Seropédica, RJ – (21) 3441-1500
www.cnpab.embrapa.br

PESAGRO-RIO
Alameda São Boaventura, 770
Niterói, RJ – (21) 3603-9200
www.pesagro.rj.gov.br

➤ SITES RECOMENDADOS

AGROECOLOGIA EM REDE
www.agroecologiaemrede.org.br

ANVISA
www.anvisa.gov.br

AS-PTA
www.aspta.org.br

ARTICULAÇÃO DE AGROECOLOGIA DO RIO DE JANEIRO
www.articulacaorj.blogspot.com

ARTICULAÇÃO NACIONAL DE AGROECOLOGIA
www.agroecologia.org.br

ASSOCIAÇÃO BRASILEIRA DE AGROECOLOGIA
www.aba-agroecologia.org.br

COOPERATIVA GIRASOL
www.coopgirasol.com.br

ECO DEBATE
www.ecodebate.com.br

FEIRA ORGÂNICA E CULTURAL DA GLÓRIA
feiraorganicadagloria.wordpress.com

MINISTÉRIO DA AGRICULTURA, PECUÁRIA E ABASTECIMENTO
www.agricultura.gov.br

MINISTÉRIO DO DESENVOLVIMENTO AGRÁRIO
www.mda.gov.br

PLANETA ORGÂNICO
www.planetaorganico.com.br

REDE ECOLÓGICA
www.redeecologicario.org

REDE ECOVIDA DE AGROECOLOGIA
www.ecovida.org.br

AGRADECIMENTOS MUITO ESPECIAIS

Antônio Carlos de Souza Abboud
UFRRJ

Cristina Ribeiro
ABIO

Geraldo Hilton Silveira de Souza e Jonas Alves Garcia
SÍTIO ALVORADA

Iraci Félix, Leon Ribeiro e Daniel
SER ORGÂNICO

João Pimenta, Daniel Pimenta e Maria do Rosário dos Santos
SER ORGÂNICO

José Newton Neves de Lima e família
BREJAL

Luciano Albieri e equipe
FAZENDA TERRA VERDE

Miriam Langenbach, Rita Beatriz Speranza e cestantes
REDE ECOLÓGICA

Osvaldo Augusto Aguiar e Erenildo Luiz da Silva
FEIRA ORGÂNICA E CULTURAL DA GLÓRIA

Paulo Aguinaga
BREJAL

Renato Martelleto
FEIRA ORGÂNICA E CULTURAL DA GLÓRIA

Ricardo Albieri, Luiz Carlos Estrella Sarmento, Valter Barbosa de Oliveira, Josué Lopes de Castro e alunos
CTUR

Este livro foi composto em Leitura,
Leitura Sans e Cartonnage em papel
couché matte 150g/m² pela gráfica Prol
para a editora Desiderata.